CONTENTS

PATCH WORK 拼布教室

Summer Edition 2022 no.27

本期滿載了能讓夏日生活
更添舒適愜意的作品。
描繪南國風情花樣的夏威夷拼布，
僅僅以一片作裝飾，
就能立即使房間切換成夏日模式。
對於想要品味恬靜和風夏日風格的讀者們，
請盡情享用展現沁涼視覺感的藍色拼布。
每一件主題皆有其價值，
無論是壁飾、桌邊小物，或是手作包，
全都豐富地刊載其中。
講究花色、帶有滿滿季節感的夏季手作包，
以及居家擺飾的作品，也都精彩可期。
酷熱到無法運針縫製時，
就算只是排列著布片，從中找出清爽的配色組合，
也都是不錯的解暑良藥。
不妨親自尋找手作的各種樂趣，悠閒地度過夏天！

隨書附贈
原寸紙型＆拼布圖案

U0086786

花朵貼布縫的月刊拼布 ②

將帶來四期連載，製作花朵的貼布縫拼布。
第一期至第二期，每期各製作三片。第三期製作三片圖案及格狀長條飾邊。
第四期則是製作外框飾邊。
希望呈現給讀者們一片一片精心製作的手作樂趣。

原 浩美

第二期介紹的表布圖案是藍色花朵的花圈，向外擴展呈十字形的粉紅色花朵。小鳥與葉子的花圈則配置於壁飾的中心。

設計・製作／原 浩美

＊完成如圖所示的拼布＊

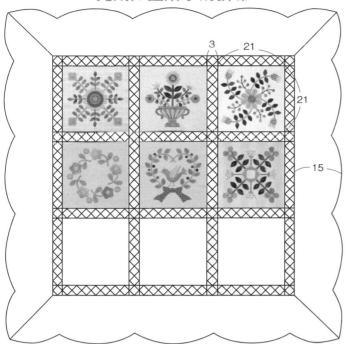

以格狀長條飾邊組合9片花朵的表布圖案，並於周圍接縫上扇形的飾邊。亦於飾邊上進行了貼布縫。

3片表布圖案原寸紙型A面②

使植物更為醒目的刺繡

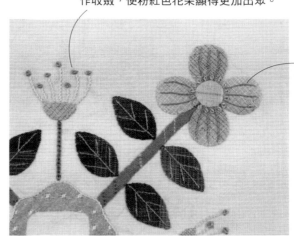

如棉絮般毛茸茸的花朵是以白色＆綠色作收斂，使粉紅色花朵顯得更加出眾。

取1股線將花瓣的纖維進行輪廓繡。選用與花瓣同色系的繡線，呈現優雅氛圍。

取1股線以直線繡及法國結粒繡描繪出精巧細膩的花蕊。

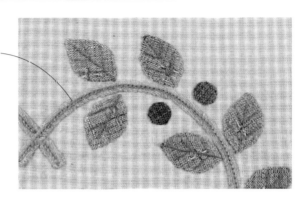

於纖細的花莖上，重疊繡上微帶深綠色的鎖鍊繡，看起來更顯立體。

時髦地裝飾小鳥的刺繡

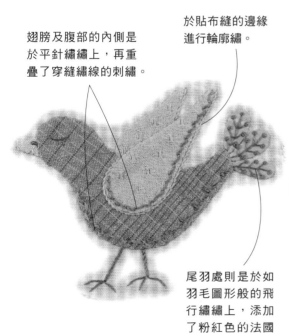

翅膀及腹部的內側是於平針繡繡上，再重疊了穿縫繡線的刺繡。

於貼布縫的邊緣進行輪廓繡。

尾羽處則是於如羽毛圖形般的飛行繡繡上，添加了粉紅色的法國結粒繡。

於平針繡上穿縫繡線的刺繡技法

>>> 翅膀

於翅膀及腹部的內側，取2股線，進行平針繡。

①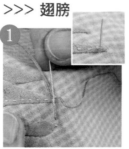

將已穿有2股線的刺繡針於最右端的平針繡的上方出針。將刺繡針的針頭由上往下穿縫於刺繡中。

②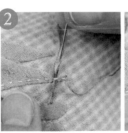

拉線，並於左鄰的刺繡中依照相同方式由上往下穿縫刺繡針後，反覆此作法。請注意避免過度拉線。

>>> 腹部

①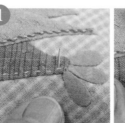

將已穿有2股線的刺繡針，於最右端的平針繡的上方出針之後，拉線，並將刺繡針的針頭由上往下穿縫於左鄰的刺繡中。

②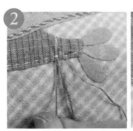

將刺繡針由下往上穿縫於下一個刺繡中。依照相同作法進行，上下交替穿縫其中。

攝影／山本和正

與夏威夷拼布一同度過悠閒的夏日時光

將自然的植物、花卉、葉子的圖形進行貼布縫的夏威夷拼布，
最適合用來製作成夏季的居家擺飾以及手作包。
本期為讀者們介紹放在家中使用的物品到外出用小物、禮物等，
用以彩繪仲夏生活的作品。

**傳統的南國
風情花樣**

2

於白色底布上，襯托出鮮明耀眼的橘色棕櫚樹與鳳梨
花樣的壁飾。周圍以葉子的圖形包圍，形成充滿南國
風情的強烈設計。

設計・製作／福田元子　183×143cm　作法P.86

③

將緬梔花的花朵與葉子進行縱長形設計，葉子的
一部分與花朵是以MOLA民族風貼布縫描繪而
成。色彩呈現由紫轉綠的漸層布花樣，顯得格外
美麗。

設計／飯田奈緒美　製作／渡辺良江
116×57cm　作法P.85

使用的混染布／手染OSANAI

將6種花樣以黑白單一色調進行配色，營造出洗鍊雅緻的印象。周圍則使用大花曼陀羅包圍裝飾。

設計／內崛智子
製作／春日久美子
147.5×112.5cm　作法P.84

4

6

龜背芋

番石榴

大花曼陀羅

麵包樹

芒果

鳳梨

5

石栗樹葉與果實圖案的抱枕，將土耳其
藍與灰色的配色對調之後，將周圍以滾
邊進行收邊處理。寬版的滾邊成為特色
焦點。

設計／福田元子　製作／青木敦子
47×47cm　作法P.85

盛夏手作

展現自然風情的人氣紙繩帽&包
34款成人&兒童的編織作法
打造獨一無二的外出親子裝！

夏日正是親子出遊的好時節，
遮去烈陽不可少的帽子，
就以親手編織的Eco Andaria繩編帽，
帶來清爽涼意吧！
超詳細圖解步驟讓你easy上手，
新手也能輕鬆織！

天然素材好安心
親子時尚的涼夏編織包&帽子小物
朝日新聞出版◎編著

平裝／96頁／21×26cm／彩色
定價380元

6

於土耳其藍的本體上，將白色耀眼的龜背芋與扶桑花圖案進行貼
布縫。粗繩製的提把最適合用來搭配夏季手作包。

設計・製作／福田元子　36×38cm　作法P.89

10

後片以貼布縫製作鳳
梨圖案。提把用的圓
繩穿過大型金屬釦眼
後，打單結固定。

大膽地將朱蕉葉的花樣以貼布縫縫上的支架口金波士頓包。將花樣、提把、拉鍊全都以紅色系布料進行統一，作成醒目的設計。由於支架口金可使開口大幅度地敞開，是相當便利的包包。

設計／福田元子　製作／阪本綾子
31×35cm　作法P.88

⑦

於茶色的混染布上，將大片的龜背芋與白色緬梔花的花樣進行貼布縫。

設計・製作／內堀智子
25×32cm　作法P.95

⑧

將扶桑花的花朵及葉子以兩色進行配色，呈現立體感。散發著微妙色調的混染布的花樣，在白色底布的襯托下，顯得更加出色。白色漆皮素材的提把，帶出清爽俐落的感覺。

設計・製作／高橋千春
37×38cm　作法P.98

9

將縮小版的前片花樣以貼布縫縫於後片。

12

於圓形盒蓋以貼布縫縫上珊瑚，盒身則是裝飾了海龜、海星、貝殼圖形的拉鍊收納盒。珊瑚粉色與藍色的色調，最適合搭配夏威夷拼布了！

設計／福田元子
製作／西垣美也子
高10cm　直徑20cm

⑩

收納盒

材料（1件的用量）
各式貼布縫用布片 台布110×55cm（包含盒底、滾邊部分） 鋪棉70×60cm 胚布70×40cm 裡布90×40cm（包含裡袋、內墊用布部分） 長30cm 拉鍊2條 直徑19cm 厚紙1張

作法順序
於台布上進行貼布縫之後，製作盒身與盒蓋的表布→疊放上鋪棉與胚布之後，進行壓線→將盒底依照相同方式進行壓線→參照圖示進行縫製→製作內墊，裝入內部。

作法重點
・滾邊使用原寸裁剪寬3.5cm的斜布條。

※原寸貼布縫圖案紙型A面⑧。

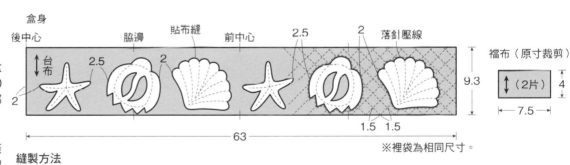

盒身
後中心　脇邊　貼布縫　前中心　2.5　2　落針壓線
台布
2.5　2
2
2
1.5　1.5
63
9.3
檔布（原寸裁剪）
（2片）
4
7.5
※裡袋為相同尺寸。

縫製方法

① 盒蓋（正面）　裡布（正面）
於已壓線的盒蓋上，疊放相同尺寸的裡布之後，進行滾邊。

盒蓋
落針壓線
後中心　貼布縫
脇邊
台布
0.7cm滾邊
寬0.7cm
夏威夷波浪壓線
2
前中心
20（原寸裁剪）

② 正面相對摺疊，縫合成筒狀。
盒身（背面）
盒底（背面）
將盒身與盒底正面相對縫合，裡袋亦以相同方式縫合。

中心
盒底
1.5
1.5
脇邊
20
※裡袋為相同尺寸。

③ 0.7cm滾邊
裡袋（正面）
將裡袋裝入之後，將袋口進行滾邊。

④ 摺疊拉鍊邊端
前中心
星止縫
拉鍊（背面）
千鳥縫
盒蓋（背面）
藏針縫　檔布（正面）
摺入1cm
摺入1cm
檔布（背面）
接縫拉鍊，接縫檔布。正面側亦以相同方式接縫檔布。

⑤ 19
藏針縫
內墊（正面）
厚紙　鋪棉
於2片內墊用布中包夾著厚紙與鋪棉，製作內墊。

以貼布縫完成鯨魚、扶桑花、海龜圖
案，手掌大的扁平波奇包。分別各以藍
色、紅色、黃色為主色調，並接縫上同
色系的拉鍊與包釦。

設計‧製作／村松典子　10×15cm
作法P.15

扁平波奇包

於海龜的背面側，
以貼布縫縫上緬梔
花圖案。

於外側接縫了一圈創意拉
鍊。將拉鍊頭改以不同顏
色，作為特色焦點。

扁平波奇包

材料（1件的用量）

各式貼布縫用布片 台布、鋪棉、胚布、裡袋用布各35×15cm
創意拉鍊長40cm 拉鍊頭 1個 直徑2cm 包釦用芯釦 2顆 直徑
0.3cm 珠子 6顆（僅限作品No. 12）

作法順序

於台布上進行貼布縫之後，製作表布→疊放上鋪棉與胚布之
後，進行壓線→依照圖示進行縫製。

※作品No.11與No.13的原寸貼布縫圖案紙型A面⑤。

① 縫製方法（相同）

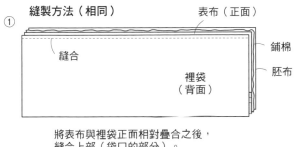

將表布與裡袋正面相對疊合之後，
縫合上部（袋口的部分）。

②

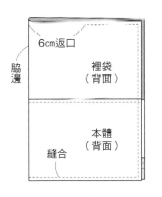

將步驟①打開後，由脇邊處正面
相對摺疊，預留返口，縫合3邊。

③

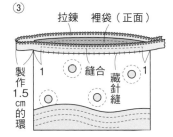

翻至正面，縫合返口。
將拉鍊由外往內，以回針縫
接縫於波奇包的袋口處。

④

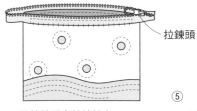

將拉鍊頭穿於拉鍊上

⑤

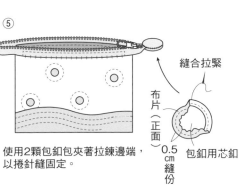

使用2顆包釦包夾著拉鍊邊端，
以捲針縫固定。

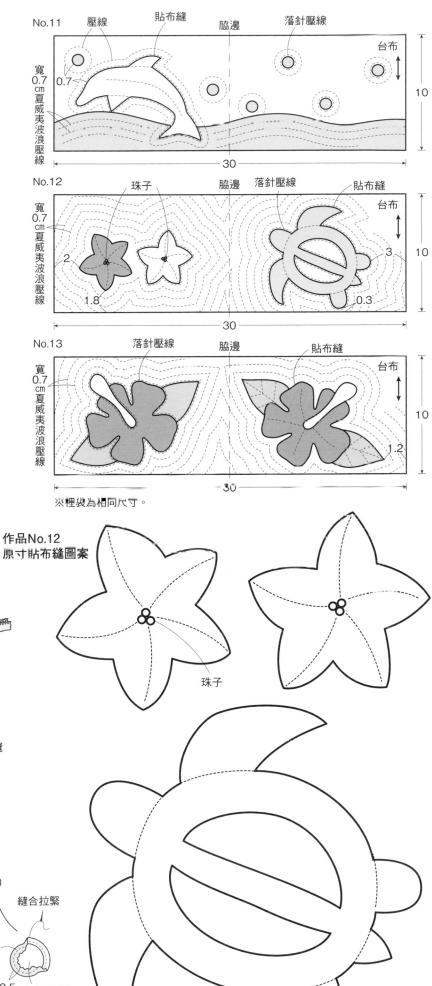

No.11　壓線　貼布縫　脇邊　落針壓線　台布
寬0.7cm 夏威夷波浪壓線　10　30

No.12　珠子　脇邊　落針壓線　貼布縫　台布
寬0.7cm 夏威夷波浪壓線　10　30

No.13　落針壓線　脇邊　貼布縫　台布
寬0.7cm 夏威夷波浪壓線　10　30

※裡袋為相同尺寸。

作品No.12
原寸貼布縫圖案

珠子

將鳳梨圖案進行貼布縫的針線盒。
以配置於底布及滾邊上的網紋花樣印花布，呈現裝在籃子裡的水果的可愛印象。

設計／內堀智子　製作／春日久美子
21×16.5cm　作法P.91

14

裁縫工具

花樣形成以中心為準左右對稱的設計。

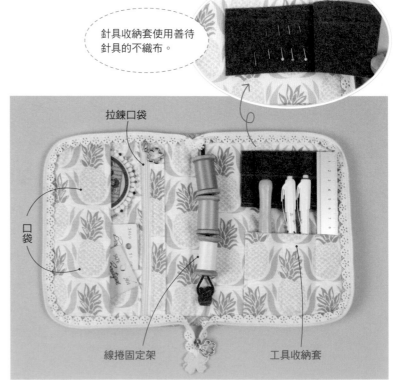

針具收納套使用善待針具的不織布。

拉鍊口袋

口袋

線捲固定架

工具收納套

將扶桑花圖樣進行貼布縫的歪斜變形款針插墊。底部為不織布。縫線穿縫於中心處，使其呈現凹陷狀。

設計・製作／村松典子　10×10cm

作法

材料（1件的用量）

貼布縫用布、不織布各10×10cm 台布、鋪棉、胚布各15×15cm 直徑0.6cm 珠子2顆 手藝填充棉花 適量

作法順序

於台布上進行貼布縫之後，製作正面的表布→疊放上鋪棉與胚布之後，進行壓線→依照圖示進行縫製。

※原寸紙型A面①

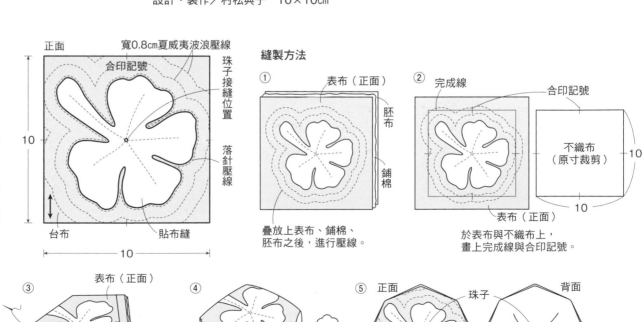

縫製方法

① 疊放上表布、鋪棉、胚布之後，進行壓線。

② 於表布與不織布上，畫上完成線與合印記號。

③ 使表布的合印記號與不織布的邊角對齊，背面相對進行捲針縫。

④ 預留最後的半邊，填塞棉花，再將剩餘的邊進行捲針縫。

⑤ 於中心處分別將珠子上下接縫，穿入縫線後，拉緊縫線，使其呈現凹陷狀。

送給重要之人的手作拼布禮物

布作框飾&置物盤

使用於原寸裁剪的花樣布疊放上烏干紗，再進行壓線的暗花貼布縫技法，進而製作的拼布框飾及置物盤。以與花樣同色的繡線進行刺繡，就能更加強調出花樣的形狀。置物盤本體則是以法式布盒製成。

拼布框飾
設計／福田元子
製作／善田淳子
內徑尺寸 11.7×17cm

置物盤
拼布部分／福田元子
法式布盒／沢村 泉
16×16cm
作法 P.92

暗花貼布縫的技法

1 參照P.20摺疊台布與花樣布，疊放之後，以珠針固定。花樣布請進行原寸裁剪。不妨以熨斗整燙，燙開摺痕吧！

2 大型花樣的情況，請以布用口紅膠固定重疊處。於步驟1的下方，貼放上胚布與鋪棉後，再於最上方疊放烏干紗，並以珠針固定。

3 為了避免布片掀起來，請一邊以手按住，一邊依照十字→對角線→其間的順序進行疏縫。大型作品的場合，亦一併於其間進行疏縫。

4 將花樣布的邊緣進行壓線。

婚禮戒枕

以暗花貼布縫製作的粉紅色麵包樹圖形，在白色底布的襯托下，更顯亮眼的戒枕。將附有白色蕾絲的烏干紗緞帶，接縫於周圍，營造高雅印象。可作為贈送給新娘的賀禮。

設計／福田元子
製作／阪本綾子
16×22cm　作法P.87

掛鐘

將龜背芋的葉子花樣，以貼布縫縫上的正圓形型掛鐘。於刻度盤上黏貼大小不一的圓形不織布，作成不會干擾貼布縫花樣的設計。使用市售的鐘錶機芯製成。

設計・製作／林 仲子
直徑27cm　作法P.90

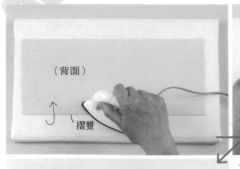

長方形或是以對角線無法成對稱形狀的圖形時，請摺疊成四角形，紙型亦以1/4製作。

1 準備台布與花樣用的正方形布片，摺疊成1/8。正面相對，逐一摺成一半→再一半（1/4）→三角形（1/8），每摺疊一次，就要確實地以熨斗整燙。

※對於一次裁剪8片而感到不安時，不妨將摺疊成1/8的布打開，當作1/4使用亦可（亦請準備1/4的紙型）。

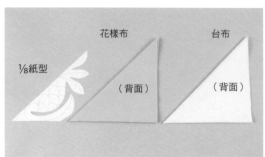

2 準備1/8花樣的紙型（能夠以珠針固定的厚度的紙張）、花樣布、台布。

花樣的剪法

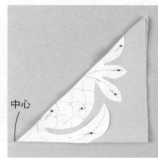

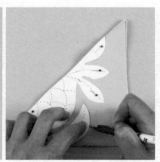

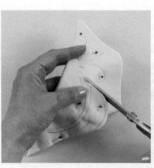

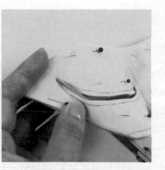

3 於花樣布疊放上紙型後，以珠針固定。請準確地對齊中心與邊端。沿著紙型，以手藝用記號筆或鉛筆等，描繪記號。

4 取下紙型，避免布片偏移錯位以珠針固定，預留0.3cm縫份，進行裁剪。寬幅較窄的部分則如右圖所示，裁剪中心。待裁剪完之後，移除珠針。

周圍的尖端部分，請勿一筆畫地剪下，而是每一邊由外往內地帶入刀刃，即可裁剪得整齊美觀。

5 打開台布。對齊中心與對角線，置放上花樣布。為了避免中心移位，請小心地攤開花樣布，並精確地對準台布的褶線。珠針依照中心→十字→對角→葉子的順序固定。

6 沿著花樣的輪廓，進行疏縫。請考量縫份摺入的部分，於布端算起1cm左右內側掛線。

7 將紙型貼放於花樣布，描畫出完成線。紙型請準確地對齊對角線與中心處，再置放上去。無添加記號直接進行藏針縫時，請僅於凹入部分的弧線縫份，事先作上記號較佳。

凸出的邊角

凹入的邊角

凹入的弧線

  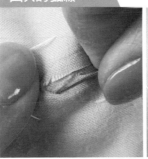 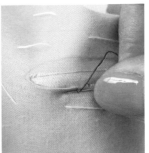

8 從平緩的弧線開始進行藏針縫。沿著布片將針腹部分劃過,將縫份摺入,並以手指確實按住,進行立針縫。

9 從凹入部分的牙口處開始,以針腹部分劃過,將縫份摺入,進行藏針縫。

凹入的邊角

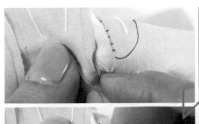  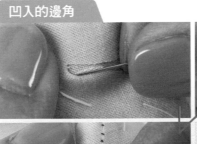 

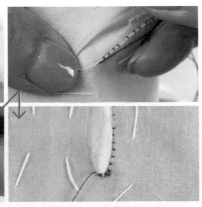 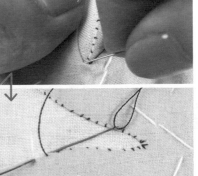

10 進行藏針縫縫至凹處附近時,請將下一個邊的縫份,依照相同方式以針腹劃過,如畫圓般的運針後,再將縫份摺入,並以手指確實按住。以細針目進行藏針縫。

11 以花樣上無記號的情況進行解說。以針腹描畫後,摺入0.3cm縫份,以藏針縫縫至邊角。將下一個邊的縫份,依照相同方式摺入,請確實地以針壓進邊角處。邊角附近針目細密,邊角處則呈放射狀藏針縫(右上)。

凸出的邊角

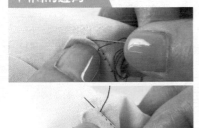 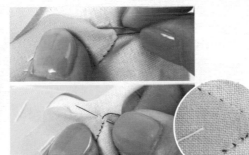

12 進行藏針縫至邊角大約1㎝的前側時,再以針尖將邊角的縫份摺入,以藏針縫縫至邊角處,於邊角處出針。

13 將下一個邊的縫份,依照相同方式摺入後,製作邊角。於邊角的正上方入針,挑一針,再於下一個邊角出針。

夏威夷波浪壓線的畫法

點記號

畫出圖案的凸出邊角與凹入邊角的延長線,並於喜好的寬度(大約以一根手指的寬度為標準)的位置上畫出點記號,將連接點記號的弧線進行壓線。

延長線

開洞的花樣

  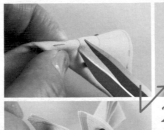   

記號

1 於花樣上,畫出非圓形記號,而是直線記號。

2 以剪刀裁剪記號處。於記號的中心處摺疊布片,並將針尖固定於記號的邊角處。直接將布片翻面後,以刀尖夾起裁剪。疊放的下方布片,若是無法順利剪斷,請一片一片地進行裁剪。

3 於牙口的周圍畫上記號。圓弧部分的縫份,則以剪刀剪出數個牙口,並將縫份摺入後,進行藏針縫。

21

專為拼布設計的刺繡

心形拼布 (Quilt of heart)
……鷲沢玲子

本單元為鷲沢玲子老師針對得以漂亮地裝飾拼布的刺繡技法，進行講解說明。
第3回單元為手縫蠟線。

指導、作品設計・製作／本間真弓

3.

手縫蠟線

本單元使用如同燭心棉線的白色粗棉線，並以顆粒狀的八字結粒繡及絨球般的天鵝絨繡進行刺繡之後，描繪出花樣。在沒有進行壓線的白色布片上，以白色蠟線進行刺繡的傳統手法。

葡萄框飾

以天鵝絨繡繡上蓬鬆柔軟的圓形果實，並以八字結粒繡繡上葉子與藤蔓。於白色素色亞麻布進行刺繡，貼放鋪棉後，收納於相框之中。
內徑尺寸15 × 15cm。
作法 P.93

櫻桃小束口袋

重點式地繡上可愛的櫻桃果實。粉紅色的裡
布淡淡地透在白色素布外,使白色刺繡顯得
更加醒目。束口繩則是取兩條手縫蠟線進行
了三股編製成。
10.5×20cm。
作法 P.93

縫製成可從脇邊看見粉紅色裡布的設計。

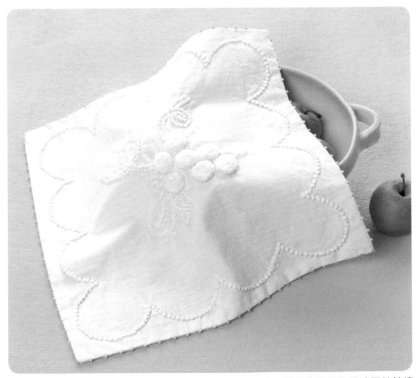

在白色布片上進行白線的刺繡為基本技法,但使用搭配拼布圖案配
色的彩色繡線刺繡,也顯得非常可愛。

活用無包夾鋪棉技法的罩布。將已刺繡的表布與裡布縫合,並於緣邊裝飾了法國結粒繡
(參考作品)。

手縫蠟線的刺繡方法

線材與刺繡針
使用鬆撚製成的粗棉線及粗針。線材最好搭配白色素布的色調，挑選白色或原色。將布片繃在繡框上刺繡。

線材與刺繡針／金龜糸業株式會社

蠟線也有彩色線及漸層色線，在配置上也能享受白色以外的縫製樂趣。

圖案的繪製方法

圖案　白色素布

準備已作上表布全體記號的圖案與白色素布，對齊記號處以珠針固定，並以手藝用記號筆描摹畫上透寫的圖案。

八字結粒繡 …… 以顆粒狀的刺繡描繪出線型的花樣。

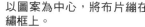

❶ 以圖案為中心，將布片繃在繡框上。

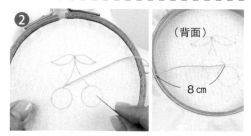

（背面）
8 cm

❷ 於起繡的位置處由背面入針，事先預留8cm左右的線端。不作始縫結。

❸ 事先以手指按住背面側的線，
一邊以手指按住背面側的線，一邊將線由內側往外掛於針上。

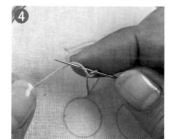

❹ 使蠟線呈交叉狀掛線。

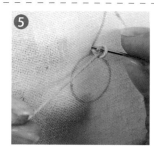

❺ 一邊拉線，一邊於出針位置算起0.1至0.2cm前的圖案上入針。

❻ 以直接拉線的狀態，將刺繡針於下方抽出。第一針刺繡完成。

藏線收尾方法

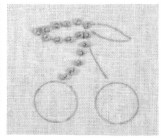

❼ 空出一針刺繡，再於圖案上出針，繼續依照步驟3至6的相同方式刺繡。

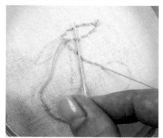
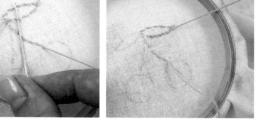

當線約剩下8cm左右時，將線穿於背面側的針趾中大約3針左右之後，剪線。

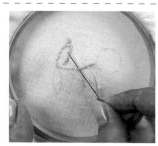

將起繡的線穿入針中，依照相同方式進行藏線收尾。

天鵝絨繡 …… 呈線圈狀，進行刺繡後，剪線，描繪出柔軟蓬鬆的圓形花樣。

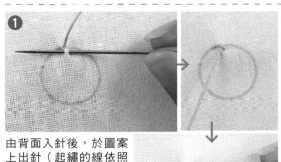

由背面入針後，於圖案上出針（起繡的線依照八字結粒繡的相同方式預留），於圖案的內側入針後，大約挑針0.2cm左右（上圖）。並且，於相同針孔處入針後，再於相同針孔處出針（下圖）。

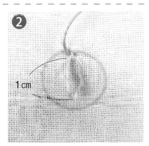

拉線後，製作線圈。

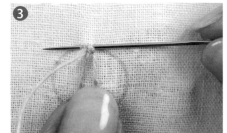

一邊以手指按住線圈，一邊於步驟1的針趾處使線交叉後，於圖案上刺繡，大約挑針0.4cm。

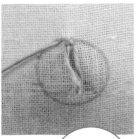

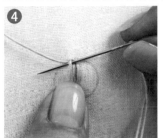

沿著圖案，重複進行步驟1至3的刺繡。

繡完1圈的模樣。

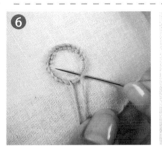

進行藏線收尾。將線穿於背面側的針趾中大約3針左右之後，剪線。

內側亦以相同方式進行刺繡。將第1圈的線圈倒向外側，並於內側出針後，開始刺繡。

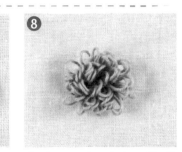

直到看不見布面為止，1圈1圈的刺繡。

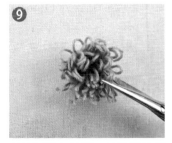

將線圈進行剪斷。請使用鋒利好剪的小型剪刀。

以針尖鬆開紗線的撚合。將針刺入線的下方，像是撕開紗線般的往上移動。

完成鬆開的模樣。

裁剪毛端，逐一整理形狀。

將側面剪得較短，修成圓形。請注意避免修剪過當。

由側面檢視，大致上修整成圓形，即完成。

攝影／山本和正　插圖／木村倫子

享受布片運用樂趣的夏日手作包

為讀者們介紹使用適合夏天色調的印花布、花樣、素材製成的手作包。

心情也變得更加輕鬆愉快，一同開心地出門吧！

㉒

㉓

為使細膩的黃色及藍色花朵盛開的印花布更顯美麗，因此搭配了近似
素布的黃色及灰色印花布。使用網眼款式的提把，營造涼爽的印象。
附加一件成組的同款波奇包。

設計・製作／橋本直子
手提袋 31×36cm　波奇包 12.5×20cm　作法P.99

提把提供／INAZUMA（植村株式會社）

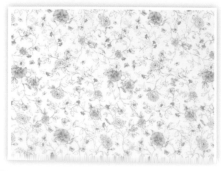

布料提供／有輪商店株式會社

運用「雪花紮染」技法，進行手染的的巴里紗材質，製成手提袋與波奇包。沿著染色的花樣進行車縫壓線，讓花朵的花樣更加明顯浮現。手染特有的柔和手感非常出色。手提袋則是在手染布的下方疊放混染布，呈現色澤的透明感。

設計・製作／飯田奈緒美
手提袋 21×30㎝　波奇包（大）12×21㎝　（小）9.5×14㎝
作法P.94至P.95

手提袋的內側接縫了適合用來收納車票夾的口袋。

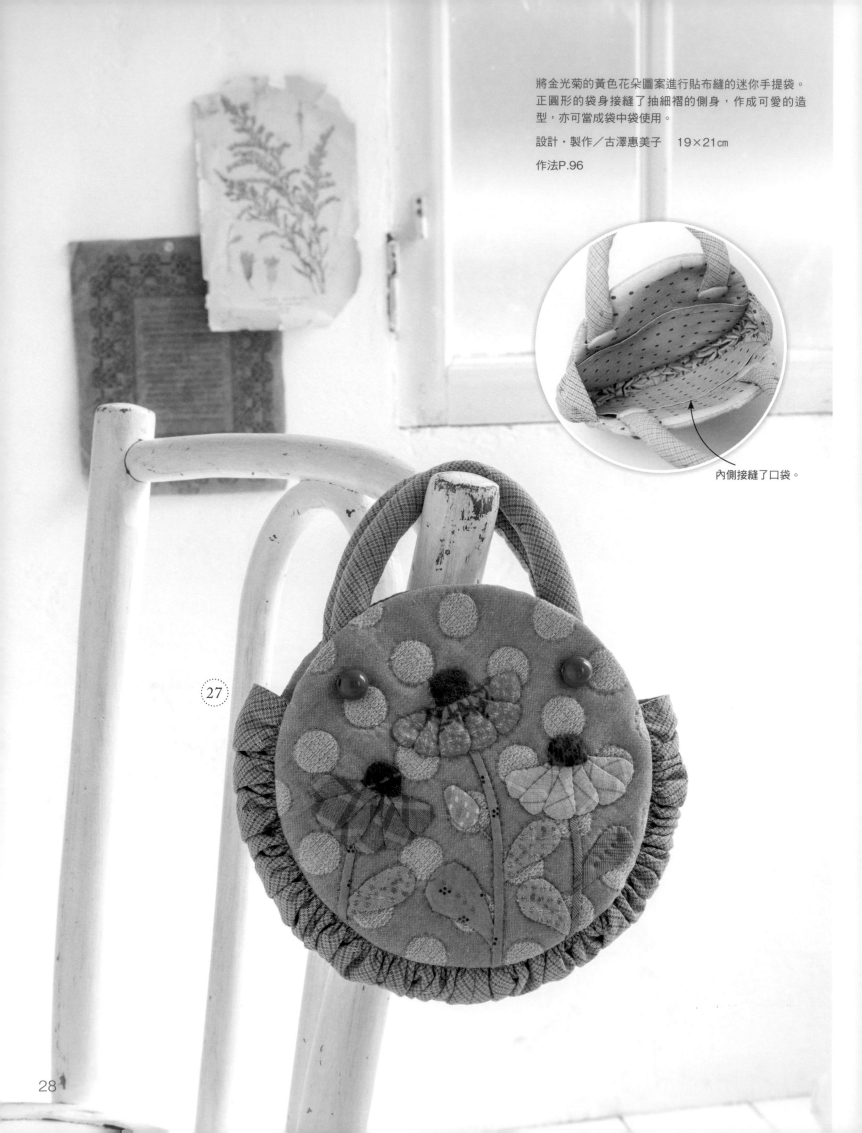

將金光菊的黃色花朵圖案進行貼布縫的迷你手提袋。
正圓形的袋身接縫了抽細褶的側身，作成可愛的造
型，亦可當成袋中袋使用。

設計・製作／古澤惠美子　19×21㎝

作法P.96

內側接縫了口袋。

27

「教堂之窗」圖案的方形手提袋。將淺灰色印花布及先染布進行搭配，呈現清涼的印象，並於花樣的裝飾布上搭配深色印花布，營造出視覺上的層次感。

設計・製作／奧田真喜　18×30cm
作法P.97

28

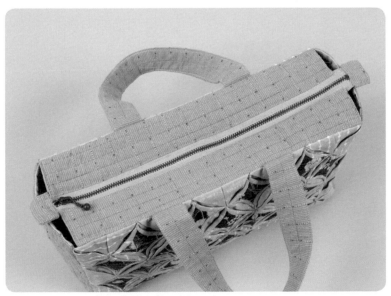

使用與袋底及側身相同尺寸的附拉鍊口布，將本體袋口完整地包覆。

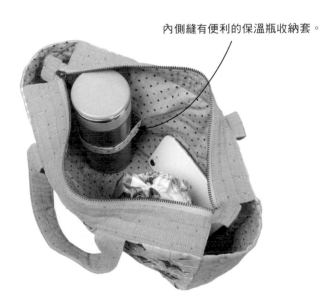

內側縫有便利的保溫瓶收納套。

將色彩繽紛的阿波縮織布（阿波皺織）縫製成平時使用的2WAY手提袋。粗獷的質感最適合夏天穿搭，取下肩帶，即可當成托特包使用。

設計・製作／坂口さき子
手提袋 30×40cm　鑰匙包 7.5×11cm　作法P.31

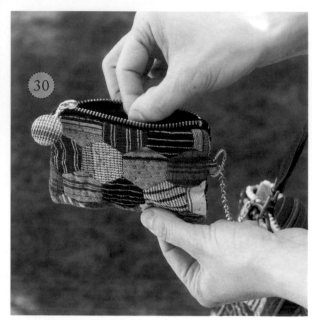

成組製作的同款設計鑰匙包，　只要以鍊條與手提袋繫在一起，　即可迅速地取出。

手提袋&鑰匙包

●材料

手提袋 各式拼接用縮織布片 提把穿通處用布20×10cm 雙膠鋪棉、胚布、裡袋用布 各80×45cm 鋪棉30×10cm 裡底用布30×25cm 長40cm拉鍊1條 13.5×19.5cm 附手挽口金提把1組 直徑3.5cm 包釦用芯釦 4顆 肩帶1條 袋物用底板 27×9cm 內徑尺寸 3.1cm 附D型環吊耳 2個

鑰匙包 各式拼接用、各式吊耳用縮織布片 雙膠鋪棉、胚布、裡袋用布各20×20cm 長10cm拉鍊1條 直徑2cm包釦用芯釦2顆 長24cm附活動勾與接環的鍊條1條

※裡袋是使用與主體相同尺寸的一片布進行裁剪。

※包釦的作法請參照P.88。

※布片A至C原寸紙型B面⑨。

手提袋

1. 拼接布片A至C之後，進行壓線。

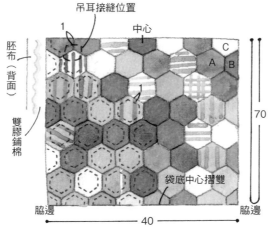

吊耳接縫位置
中心
1
C
A B
1
胚布（背面）
雙膠鋪棉
袋底中心摺雙
脇邊
脇邊
40
70

2. 由袋底中心正面相對對摺之後，縫合脇邊。

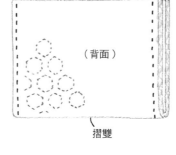

（背面）
摺雙

3. 縫合側身、倒向袋底側。

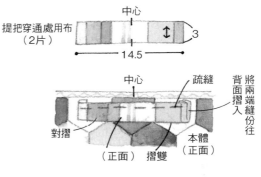

脇邊（背面）
5　5
袋底側
藏針縫

4. 將提把穿通處用布，以疏縫暫時固定於本體上。

中心
提把穿通處用布（2片）
3
14.5

中心
疏縫
對摺
本體（正面）
摺雙
（正面）
將兩端縫份往背面摺入

5. 將裡袋依照本體的相同方式縫合，並與本體正面相對疊合後，縫合袋口處。

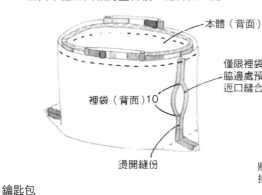

本體（背面）
僅限裡袋於脇邊處預留返口縫合
裡袋（背面）10
燙開縫份

6. 翻至正面，將返口進行藏針縫，接縫上拉鍊與提把。

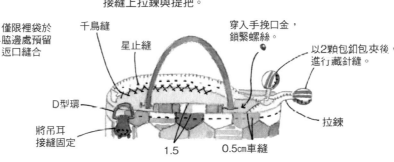

千鳥縫
星止縫
穿入手挽口金，鎖緊螺絲。
以2顆包釦包夾後，進行藏針縫。
D型環
將吊耳接縫固定
1.5
0.5cm車縫
拉鍊

7. 製作裡底，裝入內部。

布2片　底板1片
（僅限底板原寸裁剪）
9
27
半徑1.5cm的圓弧

底板
返口
（正面）
以雙面膠黏貼鋪棉

將2片正面相對疊合後，縫合成袋狀，翻至正面，裝入底板，將返口進行藏針縫。

鑰匙包

1. 拼接布片D至G'之後，進行壓線

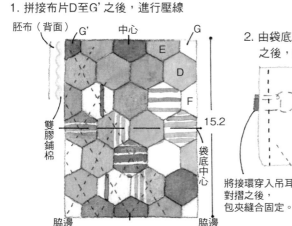

胚布（背面）
G'　中心　G
E
D
F
雙膠鋪棉
袋底中心
脇邊　脇邊
11
15.2

2. 由袋底中心正面相對對摺之後，縫合脇邊。

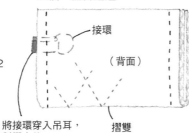

接環
（背面）
摺雙
將接環穿入吊耳，對摺之後，包夾縫合固定。

吊耳
（正面）
中心
2
3
往中心處摺疊

3. 將裡袋依照本體的相同方式縫合，並與本體正面相對疊合後，縫合袋口處。

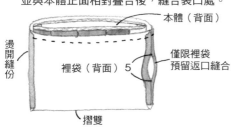

本體（背面）
燙開縫份
裡袋（背面）5
僅限裡袋預留返口縫合
摺雙

4. 翻至正面，將返口進行藏針縫，接縫上拉鍊，翻至正面之後，將2顆包釦包夾於拉鍊頭上，進行藏針縫。

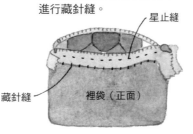

星止縫
藏針縫
裡袋（正面）

鑰匙包原寸紙型

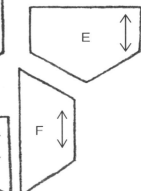

D
E
GG'
F

於白色底布上，描繪粉紅色、橘色、紫色花朵圖樣的雪花絞染毛巾布，製成的迷你手提袋。此作品也是沿著花朵的花樣進行壓線，並將底布部分全以羽毛壓線填滿，縫製成華麗的作品。

設計・製作／飯田奈緒美　15×32cm　作法P.94

【何謂雪花絞染】

雪花絞染是指以絞染技術製作的「板締絞（夾板染）」技法之一。先將布料摺疊成三角形，並以木板夾住固定後，再浸泡於染料之中。布料因為吸收染料後，產生毛細現象而逐漸滲透，最後變成狀似花朵盛開般的暈染效果。從色彩數量繁多的繽紛作品，到單色或雙色等，設計變化相當豐富。

雪花絞染的毛巾布／京都Izutsu

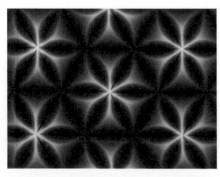

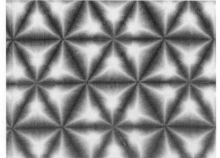

靈活應用素材&潮感混搭，
釋放女子多變的迷人魅力！

雖然「手作飾品」在日常生活中相當常見，
但會穿戴自己作品的人意外地少之又少。
或許是因為飾品不搭配手邊的服飾，
或無論怎麼看都有股手作的粗糙感等種種理由，
但因此捨棄自己的心血之作，未免太過可惜。

本書用心收錄彙整的飾品教作，
除了有詳盡圖文解說的步驟示範，
更集齊了小巧串珠、閃亮鑽飾、自然系花材、奢華金屬色配件、
靈動的輕盈流蘇、時髦潮感的搶眼大飾品……等豐富的流行元素，
想手作令人滿意的個人風格飾品，
並將其融入日常穿搭中，就看這一本！

愛上風格打扮的手作飾品DELUXE！
朝日新聞出版◎授權

平裝／192頁／19×26cm／彩色
定價 580 元

沁涼有感 藍色拼布

看起來沁涼舒爽的藍色拼布，最適合夏天的居家生活。
在此為讀者們介紹幾款令人心情平靜的家飾，以及想外出使用的手提袋作品。

迎賓座墊與桌旗&杯墊

桌旗為整潔清爽的雙色運用，座墊則是搭配與藍色色調相搭的茶色及淺駝色。由於使用重現藍染色彩的印花布製成，因此在洗滌時也十分輕鬆。

設計／中山しげ代
製作／座墊　鈴木成子　59×55cm　作法P.104
桌旗與杯墊　久保珠代
20×64cm　10.5×10.5cm　作法P.35

布料提供／株式會社moda Japan

三角形布片有如波浪一樣的桌旗,以及將「希臘十字架」的表布圖案縫製成八角形的杯墊。
兩者都是能讓食器與食物顯得更加出色的簡約設計。

桌旗&杯墊

◆材料

桌旗 淺藍色布 70×40cm(包含布片E部分) 深藍色布 70×30cm(包含布片F部分) 薄型單膠鋪棉 70×25cm

杯墊(1個的用量) 各式拼接用布片 薄型單膠鋪棉、裡布 各15×15cm

◆作法順序(相同)

拼接布片之後,製作表布(桌旗亦同裡布進行拼接)→依照圖示進行縫製。

※布片A、B、a至c原寸紙型B面⑧。

桌旗

將直徑4・6・8cm圓
進行自由壓線

中心

0.5

B

A

D ←→

C ←→

4
5
2

20

13cm返口

64

裡布

F ←→

E

4

12

20

64

杯墊

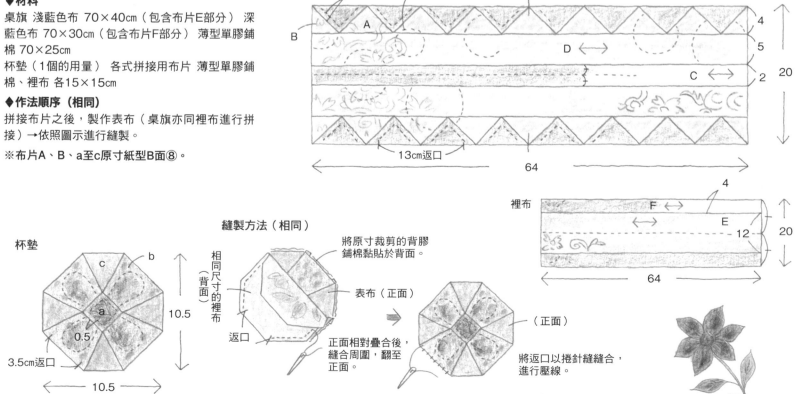

b
c
a
0.5

10.5

3.5cm返口

10.5

縫製方法(相同)

相同尺寸的裡布
(背面)

將原寸裁剪的背膠
鋪棉黏貼於背面。

表布(正面)

返口

(正面)

正面相對疊合後,
縫合周圍,翻至
正面。

將返口以捲針縫縫合,
進行壓線。

映在白色上閃耀的藍色拼布

將「友情結」及類似「煙囪與四柱」的表布圖案組合而成的連續花樣，分外美麗的拼布。飾邊使用各種不同的藍布，作成有如樣本，令人滿心期待欣賞的樂趣，是無論當作壁飾或床罩使用都相當出色的設計。

設計・製作／西澤まり子　209.5 × 161.5cm

作法P.101

35

使用阿波縮織布製作的手提袋與波奇包

以大小不一的三角形布片，併接成渾圓飽滿造型的迷你手提袋與波奇包。波奇包使用紅色格紋布與紅色拉鍊，搭配出可愛的色調。

設計・製作／鳴川さやか
迷你手提袋 18×31cm　波奇包 11×21cm
作法P.106

小木屋抱枕

大花格子將以深淺藍色進行配色的「小木屋」圖案襯托得更加耀眼。於中心的布片上，添加模版印染的花樣。

設計／中島幸子
製作／伊藤洋子
45×45cm　作法P.104

牽牛花花圈

以毛巾布及浴衣布料製作的立體牽牛花朵，於市售的花圈上綻放。葉子使用和服腰帶的布料。裝飾於家中，隨時都能欣賞早上盛開下午就凋謝的牽牛花。

設計・製作／柳原みゆき
寬約30cm　作法P.102

使用條紋縮織布製成的夏威夷拼布花樣,格外吸睛,結合和式素材與西式設計,創作出最適合夏天使用的手提袋。將2片半圓形的袋身疊放後,於外側與內側製作口袋。

設計・製作／野材裕子
28×31cm　作法P.105

攝影／山本和正　插圖／木村倫子

運用拼布 搭配家飾

試著更加輕鬆地使用拼布裝飾居家吧！
由大畑美佳老師提案，
以能讓人感受到當季氛圍拼布的美麗家飾。

白色窗簾輕盈搖曳的夏日窗邊

嘗試著改以白底印花布及蕾絲布併接而成的拼布窗簾，取代蕾絲窗簾使用吧！
透光布料的花樣看起來格外涼爽，讓人猛然忘卻盛夏的酷暑。
在窗邊的沙發上，擺放自然色調的抱枕搭配。
透過窗簾感受到的家和陽光，讓布料的質感及壓線的陰影顯得更加生動美麗。

設計・製作／大畑美佳
窗簾 115×150cm（6尺寬的高窗腰尺寸）
短門簾 50×170cm　飾穗 寬10cm
抱枕 40×40cm　作法P.42至P.43

內部填塞棉花
的心形穗飾。

形成遮光效果的短門簾，
將掛繩綁在窗簾桿上使用。

無論是透光的花樣或是接縫處都盡顯美麗的窗簾。
以摺邊疊縫併接布片，縫製成即便清洗也不會綻線的耐用作品。

於簡單的四角形併接上裝飾蕾絲及
刺繡的抱枕，是以米白色和象牙白
為底色製成。
以一片白色雛菊的大花樣布製作的
抱枕，也能自然不造作地進行搭
配。

41

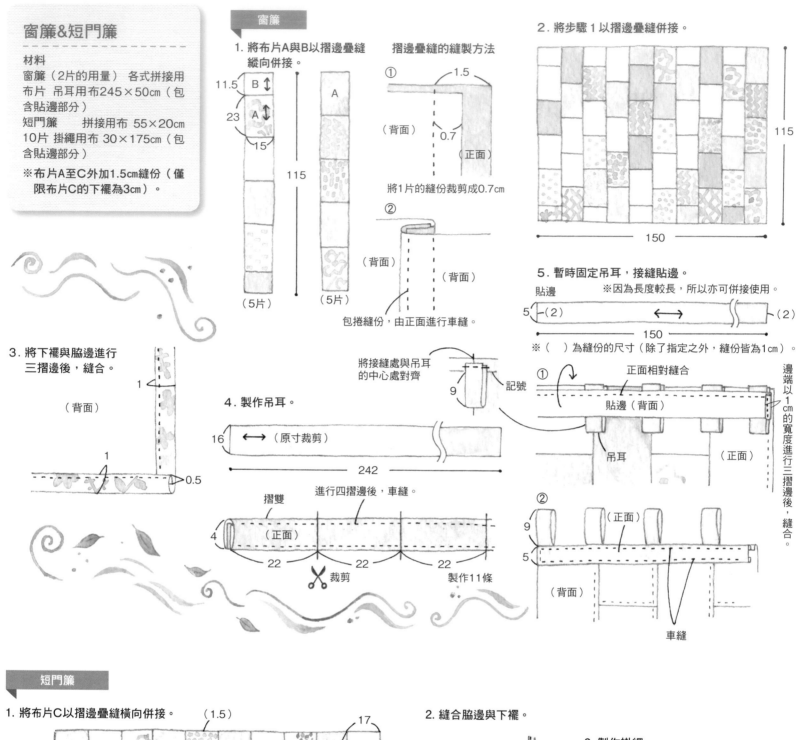

窗簾&短門簾

材料

窗簾（2片的用量） 各式拼接用布片 吊耳用布245×50cm（包含貼邊部分）

短門簾 拼接用布 55×20cm 10片 掛繩用布 30×175cm（包含貼邊部分）

※布片A至C外加1.5cm縫份（僅限布片C的下襬為3cm）。

窗簾

1. 將布片A與B以摺邊疊縫縱向併接。

11.5 B
23 A
15 A
115
（5片） （5片）

摺邊疊縫的縫製方法
① 1.5
（背面）
0.7
（正面）
將1片的縫份裁剪成0.7cm

②
（背面）
（背面）
包捲縫份，由正面進行車縫。

2. 將步驟1以摺邊疊縫併接。
115
150

5. 暫時固定吊耳，接縫貼邊。
貼邊 ※因為長度較長，所以亦可併接使用。
5 （2） （2）
150
※（ ）為縫份的尺寸（除了指定之外，縫份皆為1cm）。

3. 將下襬與脇邊進行三摺邊後，縫合。
1
（背面）
1
0.5

4. 製作吊耳。
16 （原寸裁剪）
242

將接縫處與吊耳的中心處對齊
9 記號

① 正面相對縫合
貼邊（背面）
吊耳 （正面）
邊端以1cm的寬度進行三摺邊後，縫合。

② （正面）
9
5
（背面）
車縫

摺雙 進行四摺邊後，車縫。
4 （正面）
22 22 22
裁剪 製作11條

短門簾

1. 將布片C以摺邊疊縫橫向併接。
（1.5）
（1.5）
17
50 C
（1.5）
（3）
170
※（ ）為縫份的尺寸。

2. 縫合脇邊與下襬。
（背面）
1
進行三摺邊之後，縫合。
1.5

3. 製作掛繩。
（原寸裁剪）（22片）
4
30
將單邊的縫份摺入1cm
（正面） 摺雙
1
進行四摺邊之後，縫合。

4. 分別將每2條掛繩疏縫固定於接縫處上，並縫上貼邊。
① 貼邊 （2）
（2）
3
170
5 貼邊（背面）
摺入縫份的一側
掛繩 （正面）
邊端以1cm的寬度進行三摺邊後，縫合。

② 掛繩
3 （正面）
車縫
（背面）

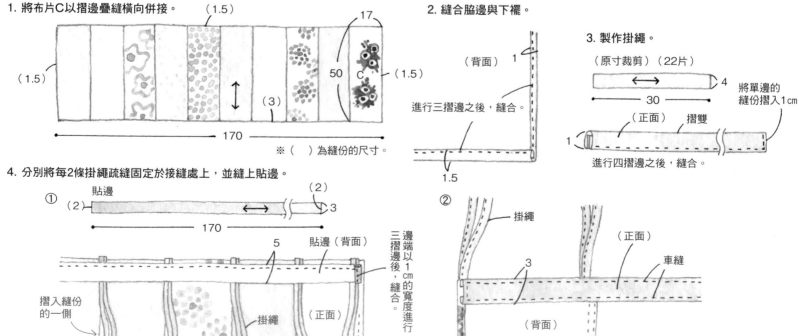

穗飾

材料（2件的用量）
各式拼接用布片 花朵圖案印花布
30×30cm 寬2.4cm 蕾絲60cm
寬0.7cm 緞帶 140cm 手藝填充棉花
適量

※原寸圖案紙型B面⑪

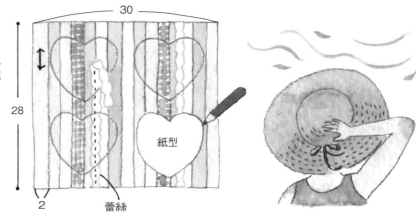

1. 將布片橫向拼接15片，接縫蕾絲。
2. 置放上紙型之後，作上記號，外加縫份後，進行裁剪。

30
28
2
紙型
蕾絲

3. 將2片正面相對縫合。

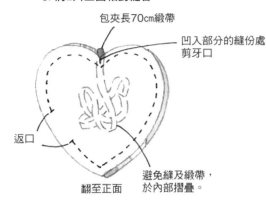

包夾長70cm緞帶
凹入部分的縫份處剪牙口
返口
翻至正面
避免縫及緞帶，於內部摺疊。

4. 將2片相同的布正面相對，包夾步驟3的緞帶，縫合。

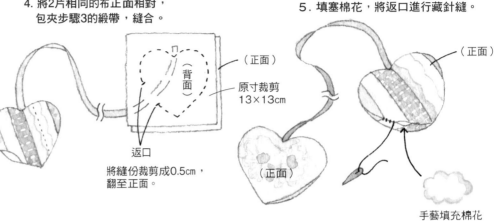

（背面）
（正面）
原寸裁剪 13×13cm
返口
將縫份裁剪成0.5cm，翻至正面。

5. 填塞棉花，將返口進行藏針縫。

（正面）
（正面）
手藝填充棉花

抱枕

材料
No.44 各式拼接用布片 B用布
45×20cm 寬4cm 蕾絲 45cm 手縫蠟線白色・綠色適量
No.45 各式拼接用布片 寬5cm 蕾絲
30cm 喜愛的花樣蕾絲 1片
No.44・No.45 相同（1件的用量）
鋪棉、胚布 各45×45cm 裡布
60×45cm 滾邊用寬 4cm 斜布條
170cm
No. 46 表布100 × 45cm（包含裡布部分）

作法順序
No.44・No.45 進行拼接後，製作前片的表布，No.44進行刺繡（參照P.86）→疊放上鋪棉與胚布之後，進行壓線→縫上蕾絲及花樣蕾絲→依照圖示進行縫製。

※作品No. 44原寸刺繡圖案紙型 A面⑰

1. 拼接布片、進行壓線之後，製作前片。

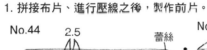

No.44
2.5
蕾絲
B
刺繡
15
落針壓線
5
A
5
40
半徑2.5cm圓弧

於布片拼接時，包夾蕾絲。
No.45
10 10 8
2
12
9 6 花樣蕾絲
2
13
15 13 12
15
2

No.46
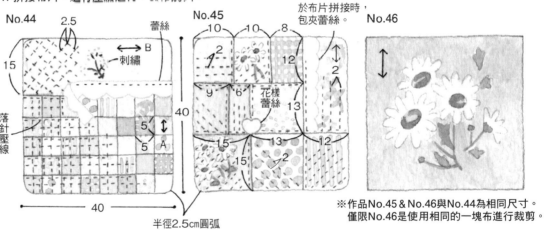

※作品No.45 & No.46與No.44為相同尺寸。
僅限No.46是使用相同的一塊布進行裁剪。

2. 製作後片。

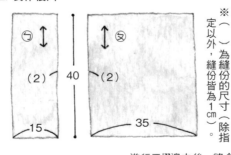

（一）
（凤）
（2） 40 （2）
15 35
進行三摺邊之後，縫合。
（正面）
（正面）
1
重疊10cm
裁剪成半徑2.5cm的圓弧
※（ ）為縫份的尺寸，縫份皆為1cm（除指定以外）。

3. 前片與後片背面相對疊合，周圍進行滾邊。（背面）

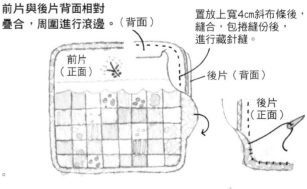

置放上寬4cm斜布條後，縫合，包捲縫份後，進行藏針縫。
前片（正面）
後片（背面）
後片（正面）

No. 46是將前片與後片正面相對之後，縫合。
後片（背面）
前片（正面）

想要製作、傳承的
傳統拼布

在此介紹長年以來一直持續鑽研拼布的有岡由利子老師，所製作的傳統圖案美式風格拼布。正因為我們身處於這個世代，更讓人想要返璞歸真，製作出懷舊且質樸的拼布。

(48)

「伯利恆之星」

西部拓荒時代的美國，信仰是人們精神的寄託。在拼布表布圖案當中，也有很多源自於宗教的圖案，而指引基督誕生的星星被稱為「伯利恆之星」也是其中典故之一。併接大量的菱形描繪大型星星的此一圖案，即便是在為數眾多的星星圖案中，也能體驗其動態感設計的樂趣。此一拼布是在星星的周圍，接縫了正方形的布片，作成更具寬闊性的設計，並以沈穩色調的紅色與藍色進行配色，縫製成充滿美式風格的拼布。迷你拼布則是以8片菱形製作的「檸檬星」。

設計・製作／有岡由利子　拼布68×68cm　迷你壁飾18×18　作法P.47

(47)

攝影／腰塚良彥・山本和正（作品）

44

拼布的設計解說

星星部分依照每一圈改變顏色進行配色。在此是於中心的星星周圍添加白色，營造有如星辰閃爍般的印象。於最外側使用作為重點的強調色，尖角就會顯得醒目，更加襯托出星星的形狀。

於星星的周圍併接正方形布片的設計，是將「破碎之星」的設置再行重新編排的圖案。以併接菱形的外框，作成彷彿將星星包圍起來的模樣。

於正方形的周圍添加菱形區塊的「破碎之星」。

將菱形併接成5×5列的區塊。只要增加布片的數量，就會形成動態感，因此很適合大型拼布。

於正方形的中心，進行花朵模樣的壓線。

於角落區進行左右對稱的羽毛壓線。

壓線設計五花八門

搭配以紅×白進行配色的圖案，而使用紅色線進行壓線。以戴著太陽帽的蘇姑娘及氣球的圖形，營造可愛的印象，並於角落添加具律動感的葉子圖形。

扇形飾邊的圓形花樣。

代表富裕豐盈象徵的康乃馨，作為1800年代拼布上的貼布縫及壓線圖案而被廣泛的運用。

製作8片已將菱形A併接成3×3列的區塊，接縫之後，作成星星的形狀。分別將4片正方形B於四個角落，以及4片三角形C於上下左右進行鑲嵌縫合，作成正方形的表布圖案。鑲嵌縫合最好於每1邊皆以珠針固定後，再行縫合。在此一律縫合至記號止點為止，縫份倒向呈風車狀。

● 縫份倒向的方式

中心的縫份

● 製圖的方法

分別由左側的邊角為起點，畫出通過中心點的圓弧。

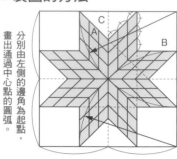

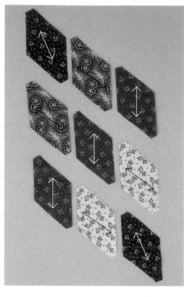

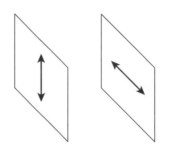

請事先準備2片已畫好布紋的紙型。

1 外加0.7cm縫份，裁剪布片，準備9片布片A。為了避免布紋連接的邊全部形成斜布紋，請依圖片所示改變方向※。請勿弄錯配色，請事先進行排列。

※在此是將尖端處紅色布的布紋配合花紋的方向。

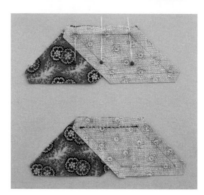

2 接縫3片布片A。將2片正面相對疊合後，對齊記號，並以珠針固定兩端及中心，由記號處縫合至記號處。始縫點與止縫點則進行一針回針縫。

3 縫份請於每條帶狀布交替倒向箭頭指示的方向。

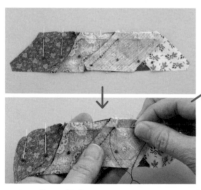

4 將2片帶狀布正面相對疊合後，對齊記號，並以珠針固定兩端、所有接縫處、其間（避開縫份）。由記號處開始縫合，待於接縫處進行一針回針縫之後，將縫針刺於邊角處，再於下一個布片的邊角處出針。進行一針回針縫，縫合至記號處。

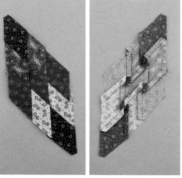

5 接縫3片帶狀布，作成大型的菱形區塊。縫份最好倒向呈風車狀。製作8片此一區塊。

原記號
0.3cm　重新畫上的記號

6 依照步驟4的相同要領，接縫2片區塊。於縫合之前，先將中心側布片A的兩邊記號進行修正，避免使中心的尖角凸顯出來。

7 將每兩片接縫而成的箭羽形區塊分成上下兩部分縫合。

中心處請用力地拉線→

8 接著，將上下的2片正面相對疊合，對齊記號，以珠針固定兩端、接縫處、其間，再由記號處縫合至記號處。由於中心處容易歪斜，因此請依照右圖所示，分成2次，進行回針縫。

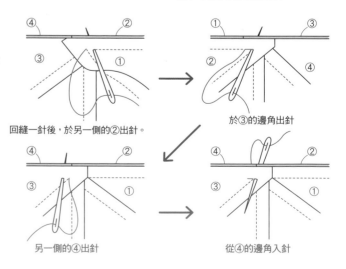

④　②　①　③

回縫一針後，於另一側的②出針。

於③的邊角出針

另一側的④出針

從④的邊角入針

9 分別將布片B於四個角落，以及布片C於上下左右進行鑲嵌縫合後，併接。請小心避免將布片C弄錯接縫位置。

10 將布片B正面相對，疊放於星星的區塊上，將第1邊使合印記號與接縫處對齊後，以珠針固定。

11 由記號處開始縫合，避開接縫處的縫份，繼續往前縫合。縫合至邊角處，進行一針回針縫後，休針。

12 對齊第2邊，依照第1邊的相同作法，以珠針固定，由邊角處縫合至記號處。縫份倒向布片B側。布片C亦依照布片B的相同作法，進行鑲嵌縫合。

大壁飾&迷你壁飾

●材料
大壁飾 各式拼接用布片 B、D用白色素布110×100cm（包含滾邊部分） 鋪棉、胚布各75×75cm
迷你壁飾 各式拼接用布片 d用布50×30cm（包含滾邊部分） 鋪棉、胚布各20×20cm

●作法順序
拼接布片A之後，接縫布片B→併縫布片A、CC'、D（迷你壁飾則是拼接布片a至c，並於周圍接縫布片d），製作表布→疊放上鋪棉與胚布之後，進行壓線→將周圍進行滾邊（參照P.82）。

※壁飾原寸紙型（A、CC'）與壓線圖案紙型B面⑥

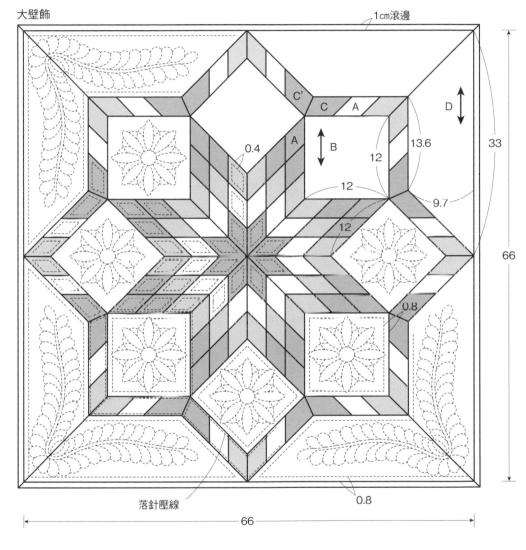

大壁飾

1cm滾邊

迷你壁飾

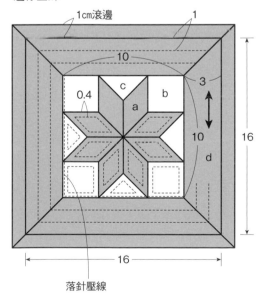

1cm滾邊
落針壓線

迷你壁飾原寸紙型

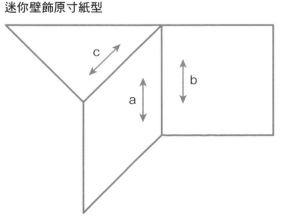

表布組合方法

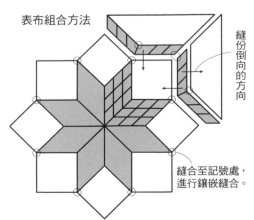

縫份倒向的方向

縫合至記號處，進行鑲嵌縫合。

攝影／腰塚良彥（P.51） 山本和正
插圖／三林よし子

使用美麗印花布製作的
夏季家飾

使用水玉點點印花布的
飾邊，拼貼印花布料
製作的門簾與地墊

直接使用拼貼印花布製作的門簾，
將水玉點點衍生形象的圓形花樣進行貼布縫，
並使其四處從邊端往外超出範圍，
製作成一款充滿趣味性的設計。

設計／松尾 綠　製作／小林亞希子

108×85cm　作法P.108

試著放入清爽花色及
自然色調的樸質印花布，
改變成夏天的布置吧！

49

吊耳也是併接
圓形花樣製成。
▼

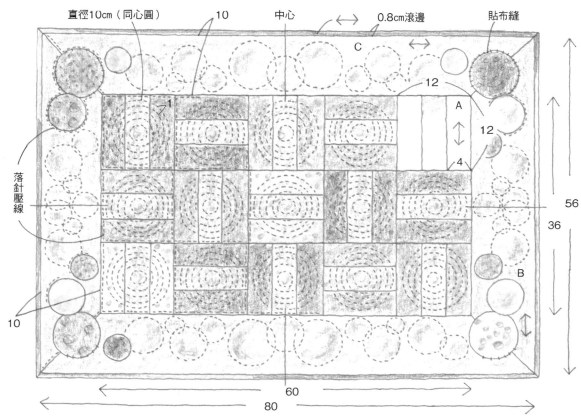

分別將不同的水玉點點花樣裁剪成布片，並搭配素色亞麻布，進行簡潔俐落的配色。以圓形的壓線，營造出歡樂的印象。

設計／松尾 綠
製作／松本榮美子
57.5×81.5cm

印花布布料提供／
Sarara JAPAN moelan studio株式會社

地墊

● 材料

飾邊拼貼印花布110×40cm（包含滾邊部分） 淺灰色亞麻布110×50cm 鋪棉、胚布 各90×65cm

● 作法順序

拼接3片布片A之後，製作15片區塊，進行接縫→於周圍接縫上布片B與C，進行貼布縫之後，製作表布→疊放上鋪棉與胚布之後，進行壓線→將周圍進行滾邊（參照P.82）。

※角落處的貼布縫可依個人喜好，酌量進行增減。

※原寸貼布縫與壓線圖案紙型B面④

以樸素的花朵圖案
製作的餐墊

51

以貼布縫與刺繡裝飾，有如餐盤般的餐墊；以及象牙白先染布緞帶點綴，如禮物一般的可愛小物收納盒。
簡單的色彩運用就能讓作品更加出色。

設計・製作／ちゅうじょうじすみこ
餐墊 直徑31.5㎝
小物收納盒 大 高8㎝ 直徑17.5㎝
小 高6㎝ 直徑13.5㎝
作法P.110至P.111

布料提供／双日Fashion株式會社

活用細膩小碎花圖案的
小物收納盒。

52

53

淺咖啡色調的
雜誌收納架

表布圖案部分的印花布使用添加8種花紋的
飾邊拼貼布料。
色調統一的柔和色彩，以及帶有溫度的木製
收納架，完美融合於整個房間。

設計‧製作／秋田景子
34.5×30×18cm　作法P.109

飾邊拼貼布料／有輪商店株式會社

54

◀小物收納盒的盒蓋使
用吊耳與鈕釦固定。

清爽的葉子花樣
桌布與椅墊

將「樹木」的表布圖案與葉子花樣搭配而成。
桌布並無包夾鋪棉縫製，是以珠子縫合固定於區塊的
邊角。
椅墊的填塞棉花則是重新將毛巾布再利用。

設計／橫田弘美
製作／桌布　橫田弘美 92×92cm
　　　椅墊　佐藤恭子 45×45cm
作法P.107

布料提供／株式會社moda Japan

以花朵圖樣的細麻布
製作的荷葉邊抱枕

以海軍藍的花朵圖樣及淺紫色的棉緞
布,進行配色的「醉漢之路」,營造出
高尚雅緻的色調。荷葉邊則是將斜紋布
配置成兩層,充分地活用細麻布特有的
柔軟觸感。

設計‧製作／大野浩子
製作協力／長谷川かつ子
30×30cm 作法P.103

57

花樣布料提供／有輪商店株式會社

桌布將裡布進行了
四角形併接,
縫製成雙面使用。

配色教學

一邊學習基礎的配色技巧,一邊熟悉拼布特有的配色方法。第20回在於介紹以夏天為概念,並以白色或原色為基調的清爽配色。並且學習使用拼布用以外之布料的使用方法。

指導／西澤まり子

以夏天為概念的白色底布配色

提到夏天的印象,會讓人聯想到白色,然而僅將白底印花布作組合,卻又欠缺強烈變化,圖案的形狀容易看不清輪廓。
因此,最好著眼於底色挑選方法及花樣的疏密,才能襯托出圖案的醒目。在此也一併介紹使用浴衣或透明布料,呈現夏日風情的方法。

以強調色作為收斂

以先染格紋布作出簡單俐落風

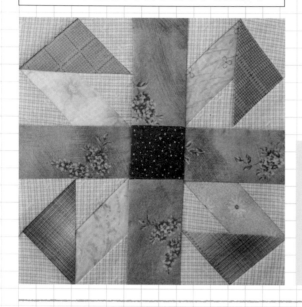

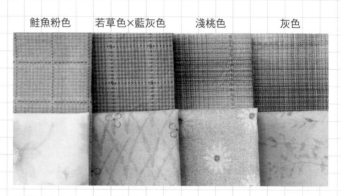

鮭魚粉色　若草色×藍灰色　淺桃色　灰色

驚奇箱

於樸素風的先染格紋布上,分別將各自同色系的淺色,作成4種色組進行配色。十字的中心則透過使用強調色的深紅色方式,作出收斂效果。

與格紋布色感相搭的布

上方為先染格紋布,下方則是與格紋布色感相搭的淺色印花布。選用與格紋布中添加的色彩為相同色調的布。先染格紋布可藉由使用接近素色布的細格子花紋,使圖案看起來更顯清晰。

花紋的重點裝飾運用

→

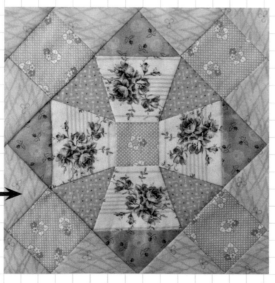

有效運用大花樣的效果

僅截取玫瑰花束的部分,使其看起來像是重點刺繡一般。

聖保羅大教堂

左圖為除了主要的繽紛大花紋布以外,皆以柔和色調進行配色的範例。由於主要用布完全凸顯於整體之中,因此將外側的正方形布改成稍微強烈的綠色,以取得整體的平衡感。

以2種色彩構成底色

配合主要大花紋的粉紅色底色,利用2種色彩的方式,帶出立體感。

小花菱紋也成為重點裝飾

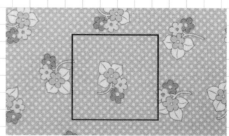

中心部分的綠色印花布,請截取正好僅有1朵花樣的部分。

使色調搭配一致的布片運用

集中不同氛圍的花樣

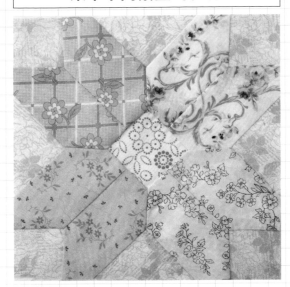

鑽石花

挑選4種柔和色調的花朵印花布組合而成。為了使4種各自不同的色調統一，因此減少過於強烈的深色，底色則選擇更淺的無彩灰色，讓圖案清楚呈現。

使用大花樣飾邊花紋的一部分

即使在花樣之中，也避開了強烈的紅色或紫色，透過僅使用柔和色調的部分的方式，與其他3種淺色調的印花布進行搭配。

利用明度差作出透明感

配置於花蕊中心的布片，雖然是想以強烈色彩作為醒目的地方，但若透過使用比底色的灰色更加明亮的白色底布，還可營造出透明感。

花樣走向也是關鍵

在花朵的部分則挑選了3種印花布。無論是色調或花紋的大小都相同程度，但透過添加內有格子的淺紫色布，更可作出律動感。

意識到布片的流動感來進行挑選

白底的大花樣

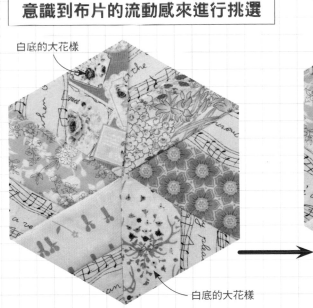

白底的大花樣

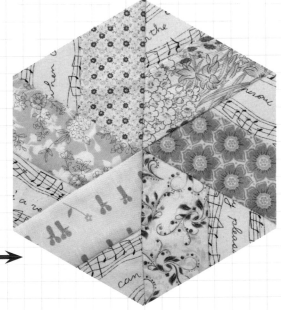

旋轉三角形

左圖是將白底較多的大花樣布使用於表布圖案的範例。由於與底色之間並無差異，且圖案顯得不清楚，因此在更改成小碎花紋及中間的花樣之後，立即清楚地浮現出宛如風車般的圖案。

使用具流動感的印花布

透過於底色上挑選了橫向流動的樂譜圖形印花布的手法，如同圖案名稱一樣，三角形看起來就像是咕嚕咕嚕地旋轉似的。

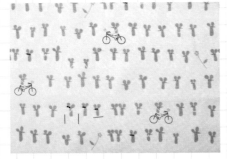

避開過於強烈的花樣

綠色的印花布是因為想刻意當作單色的印花布使用，所以避開了紅色自行車的圖形進行裁剪。

清爽俐落地整合大花樣布

使用近似素色布的印花布

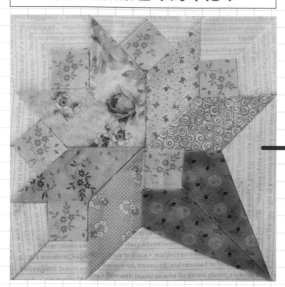 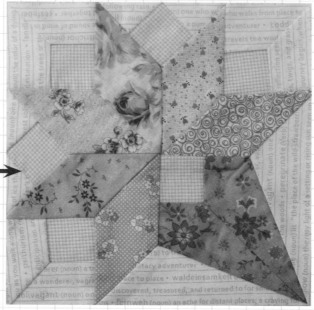

花束

若是像左圖於花樣部分，全部使用花朵圖案，全體的輪廓會變得完全模糊不清。將正方形配置近似素色布的黃色格紋布，並將花莖部分更換成鮮豔的黃綠色之後，菱形布片顯得更加醒目。

注意英文字樣的印花布方向，進行裁剪，像是包圍著圖案般的使用方式，形成整齊俐落的印象。

改變花紋的疏密

即便是相同的粉紅色花朵圖案，亦可透過於大花樣・中型小花菱紋・小碎花以及在花樣的大小上作出差異的方式，營造強弱感。

考量色感相搭性進行選擇

為了能與粉紅色的花朵圖案融為一體，因此在綠色的花朵圖案上，全部選擇添加粉紅色色彩的印花布。

僅以花朵圖案配置而成

海市蜃樓

將大型的三角形全部皆以花朵圖案配置而成。由於右上與右下的三角形使用單一色彩看起來非常沈重，因此更換成白底較多的多色印花布的大花樣之後，即可與其他的印花布取得平衡感。

多種色彩的大花樣布

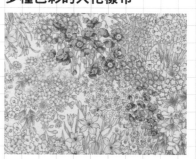

這次僅將黃色的花朵部分截取下來，使其看起來像是單色印花布。

花朵圖案＋英文字樣

底色的英文字樣印花布為白底部分較多，還添加了花朵圖案，形成不過於犀利又柔和的印象。

56

使用拼布用布以外的布料

以浴衣布料營造和風氛圍

爆炸之星

左圖是於三角形的布片上使用藍染的花朵圖案。想要稍微凸顯出銳利的三角形，所以更換成細條紋花樣，以強調出往四面八方延展的星星光芒。

關於浴衣布料的花紋圖樣

紳士服的浴衣布料多為講究的條紋花樣及格子花樣，透過巧妙地將花樣納入的方式，使配色的可能性更加寬廣。

將底色視為輔助角色

底色的浴衣布料，為了徹底發揮輔助效用，因此避開花朵圖案部分進行裁剪。

具有方向性的花樣

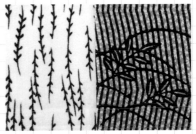

只要將縱長形的三角形布片當作具有方向性的花樣，即可營造出更加銳利的印象。

活用充滿回憶的布

束縛之星

收集了從前穿過的薄型罩衫及連身裙等的布料，進行配色。洋裝的布料大多是大膽的花樣及新穎獨特的印花布，完成相當個性化的配色。

使用涼爽的布料

雪紡紗或烏干紗等的清透布料，建議不包夾鋪棉縫製後，製成夏用的屏風或桌旗使用。

有效活用洋裝布料

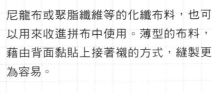

尼龍布或聚脂纖維等的化纖布料，也可以用來收進拼布中使用。薄型的布料，藉由背面黏貼上接著襯的方式，縫製更為容易。

拼接教室

攝影／腰塚良彦　藤田律子（流程）　山本和正（作品）

遊騎兵的驕傲

圖案難易度

在以4片直角三角形布片描繪出的風車圖形上，再添加三角形布片的表布圖案。無論是風車部分與三角形布片分別配置上相同的布片，或是以兩種色彩進行配色，只要是作出具動態感的配色，花樣就會顯得栩栩如生。一旦大量併接之後，四個角落聚集了4片三角形布片，即可呈現風車的圖形。

指導／村上美智子

(58)

海洋風色彩的拼布

於3種尺寸的圖案上，組合了長方形的布片。以藍色作為基調，搭配上充滿夏日氣息的印花布，並使用直條紋花樣布、飾帶，以及波浪形的刺繡，縫製出洋溢海洋風情的設計。

設計・製作／村上美智子　09 Summer

作法P.108

清爽俐落的直條紋花樣手提袋

使用直條紋花樣與點點花樣的印花布，襯托出風車的圖形。與底色原色之間的組合形成清爽俐落的印象。網眼款式的提把，提升夏日的氣息。

設計・製作／村上美智子　34.5×30cm
作法P.61

詳細解說
製作步驟

內口袋於中心處接縫了夾層。

區塊的縫法

分別縫合布片A與B、C與D，製作4片已接縫而成的小區塊，進而加以組合。整齊地呈現三角形的尖角為關鍵所在，以珠針固定所有接縫處時，亦請一邊檢視正面，一邊準確地固定。有厚度的縫份部分，則請以每針垂直出入針的上下挑針縫方法（一上一下交錯方式）進行縫合。

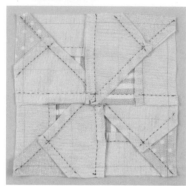

＊ 縫份倒向

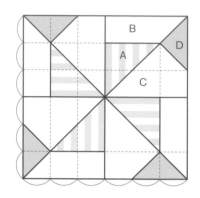

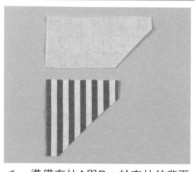

1 準備布片A與B。於布片的背面置放上紙型後，以2B鉛筆作記號，預留0.7cm縫份後，裁剪。

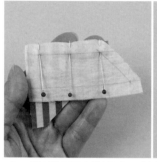

2 將2片正面相對疊合，對齊記號後，以珠針固定兩端與中心。進行一針回針縫之後，由布端開始平針縫，待縫至布端時，再進行一針回針縫。縫份單一倒向布片A側。

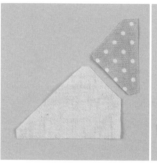

3 接縫布片C與D。正面相對疊合後，由布端縫合至布端，縫份單一倒向布片D側。

4 併接布片A與B、C與D的小區塊。

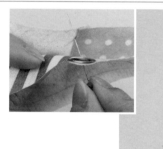

5 正面相對疊合後，對齊記號，並以珠針固定兩端、接縫處、其間。所有接縫處也請一邊檢視正面，一邊加以固定。由布端縫合至布端，接縫處則進行一針回針縫。有厚度的縫份部分，使用每針垂直出入針的上下挑針縫方法（一上一下交錯方式）。縫份單一倒向AB的小區塊。

6 製作4片步驟5的區塊，為避免搞錯方向，請先進行排列。每2片接縫後，製作上下的帶狀布。

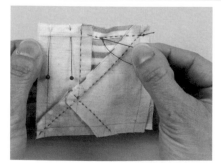

7 將相鄰的區塊正面相對疊合，對齊記號後，以珠針固定，再由布端縫合至布端。

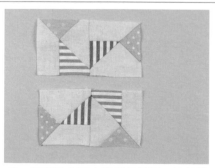

8 縫份呈上下交替般的傾倒。接縫帶狀布。

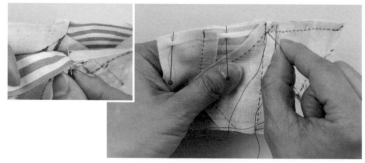

9 正面相對疊合，對齊記號後，以珠針固定，再由布端縫合至布端。中心的接縫處也請一邊檢視正面，一邊加以固定。接縫處進行一針回針縫。

●材料

各式拼接用布片　E用布40×25cm　鋪棉90×40cm　胚布
70×80cm（包含內口袋、縫份收邊用斜布條、襠布部分）
內口袋的滾邊用寬3cm　斜布條35cm　本體的滾邊用寬3cm
斜布條90cm　長42cm　提把1組
※一律外加0.7cm縫份後，裁剪。
※尖褶原寸紙型A面⑭。

原寸紙型

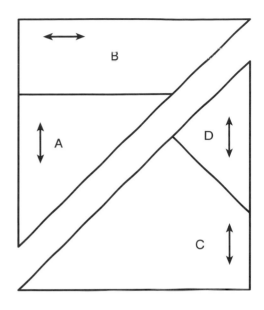

尖褶的縫份尺寸

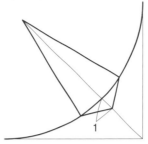

內口袋

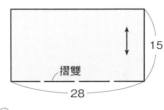

① 縫合

（背面）

②

0.3cm 車縫
（正面）
翻至正面，進行車縫。

內口袋接縫位置

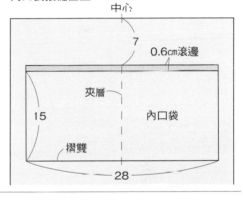

（2片）

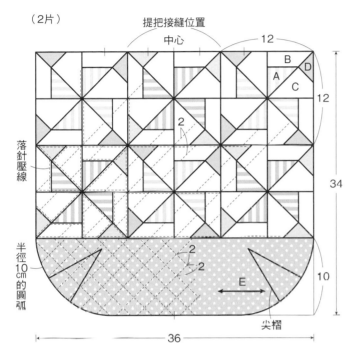

提把接縫位置
中心　　12
落針壓線
半徑10cm的圓弧
12
34
10
36
尖褶
E

---

1 製作2片表布。

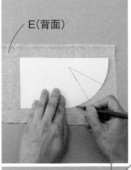

E（背面）

0.7cm縫份

布片E的尖褶記號是使用2種紙型描畫。尖褶部分的縫份則請如圖所示添加後，再行裁剪布片。

接縫6片表布圖案，並於下方接縫布片E。由布端縫合至布端，布片E的縫份倒向布片E側。

2 描畫壓線線條。

圖案部分則貼放上平行線定規尺，於布片A與D除外的部分畫上記號。

3 │ 進行疏縫。

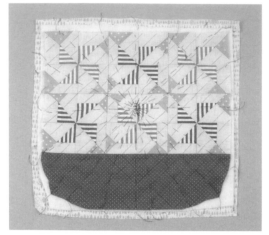

依照胚布、鋪棉、表布的順序疊放，挑3層布，進行疏縫。由中心往外側，呈十字→對角→放射狀進行疏縫。

4 │ 進行壓線。

表布圖案是於布片的邊緣進行落針壓線。請一邊以戴在慣用手中指上的頂針指套推針頭，一邊每2、3針挑針，針目較容易整齊一致。

5 │ 描畫完成線。

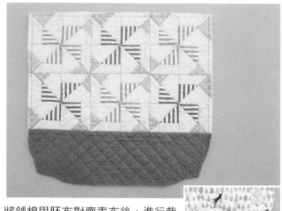

將鋪棉與胚布對齊表布後，進行裁剪。表布圖案部分貼放上定規尺，布片E貼放上紙型，於正面描畫完成線與尖褶記號，進行疏縫後，於背面作出記號。

6 │ 縫合尖褶。

對齊尖褶的記號，以珠針固定，由布端車縫至頂點。從針趾處倒向袋口側，進行疏縫。另一側亦以相同方式縫合，倒向袋口側之後，再行疏縫。另1片的尖褶請倒向相反側之後，進行疏縫。

7 │ 製作並接縫上內口袋。

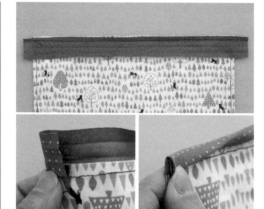

製作內口袋（參照P.61）。將原寸裁剪寬3cm的斜布條進行四摺邊之後，作上記號。正面相對疊合，對齊邊端後，以珠針固定。

由布端車縫至布端。將斜布條翻至正面，摺疊布端，沿著斜布條的摺線，進行三摺邊之後，包捲。

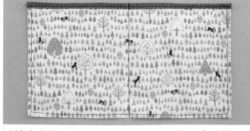

以強力夾固定，並車縫布條邊端。中心處亦進行車縫。

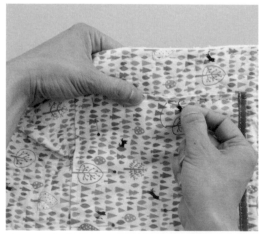

將內口袋放置於接縫位置上，以珠針固定。將周圍及中心處的針趾上方挑針至鋪棉處，再以星止縫縫合固定。

8 │ 縫合2片。

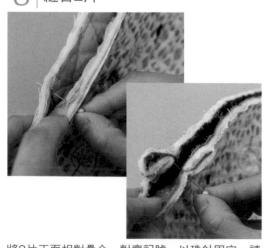

將2片正面相對疊合，對齊記號，以珠針固定。請避免表布圖案的所有接縫處、所有尖褶偏移錯位，請確實對齊後，加以固定。

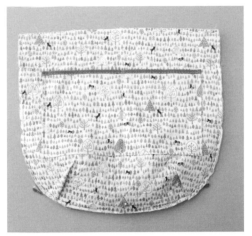

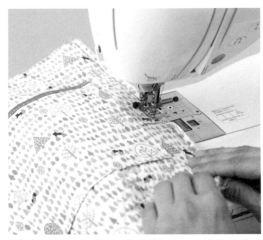

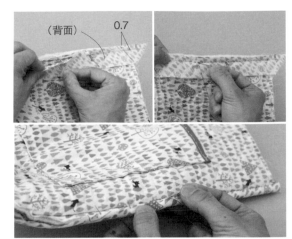

尖褶部分的圓弧是將完成線上進行疏縫。

車縫完成線。珠針請於車縫前移除。尖褶部分請慢慢地往前車縫。

於原寸裁剪寬3cm斜布條的背面畫上0.7cm的記號，對齊接縫處與記號處後，以珠針固定，挑針至胚布處，並依照平針縫的要領，接縫固定。將斜布條翻至正面，包捲縫份以珠針固定後，進行藏針縫。

9 │ 將袋口處進行滾邊。

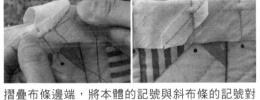

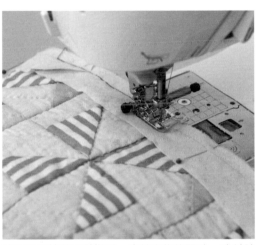

摺疊布條邊端，將本體的記號與斜布條的記號對齊之後，以珠針固定。待周圍固定完一圈之後，將接縫始點與接縫止點正面相對疊合，以珠針固定，縫合。裁剪掉多餘部分，並燙開縫份後，與本體一起以珠針固定。

移除縫紉機的巧臂裝置，車縫布條的記號。珠針請於車縫前移除。

將布條翻至正面，包捲縫份，以珠針固定後，進行藏針縫。

10 │ 接縫提把。

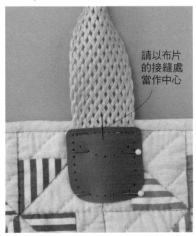

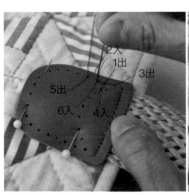

將提把置放於接縫位置上，並以較長的珠針挑針至布片處固定。取2條拼布線作為縫線使用。

從縫洞的前一個洞開始，由下往上出針（1出），依照回針縫的相同要領，往前縫合。於背面側作止縫結。

將5×5cm的襠布縫份往內側摺疊，遮住針趾處放上後，以珠針固定，進行藏針縫。

拼接教室

攝影／腰塚良彥（作品） 藤田律子 山本和正（流程）

林肯

圖案難易度
♣♣♣♧♧♧♧

以細長的布片及小正方形將大正方形包圍的表布圖案。宛如將「小木屋」斜向配置般的設計為其特徵，併接幾片之後，即可呈現斜格子狀。為凸顯出三段細長的布片，只要於每一段改變花色進行配色，就會使表布圖案的設計更加耀眼。

指導／後藤てるみ

歪斜變形的波奇化妝包

將表布圖案分割，配置成上蓋及本體一部分的講究設計。固定於上蓋處的小提把顯得相當俏皮可愛！只要打開接縫於三邊的拉鍊，就能全部打開，方便拿取美妝工具。

設計・製作／後藤てるみ
高5cm 寬14.5cm 作法P.100

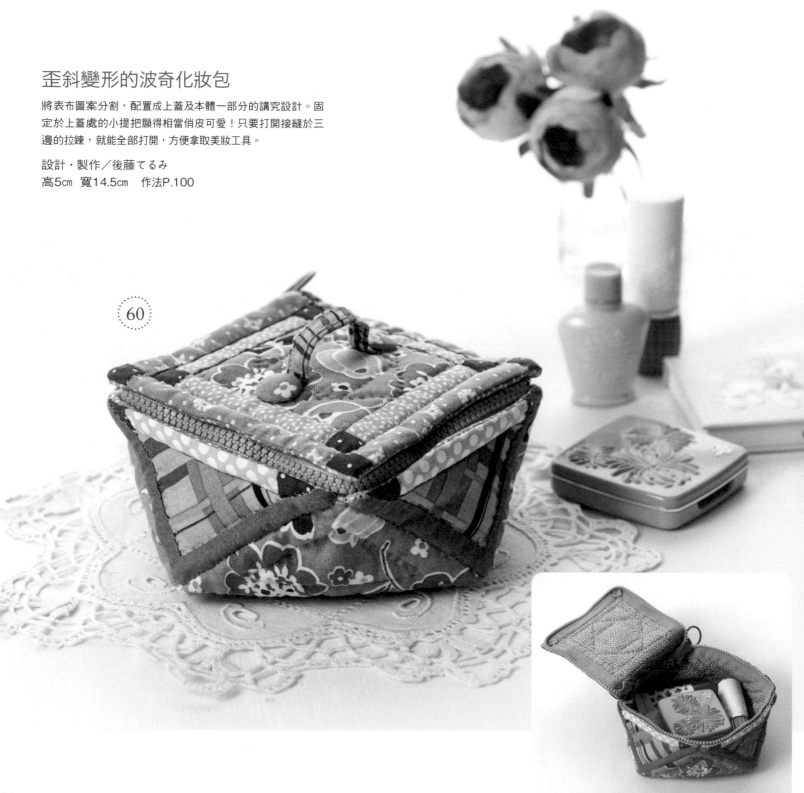

適合夏季使用的清新自然色
手提袋＆波奇包

以提籃包為設計構想的橢圓底手提袋。交錯拼縫細長布片，完成提籃編目般精緻圖案。製作同款圖案波奇包，既可搭配使用，還能夠當作袋中袋。

設計・製作／後藤てるみ
31.5×40.5cm　作法P.67

詳細解說
製作步驟

61

接縫長長的釦絆，組合波奇包時，可完全放入至手提袋的底部。波奇包以按釦扣住而十分安穩，使用超方便。

波奇包縫按釦，扣住手提袋內釦絆。

區塊的縫法

A布片周圍依序接縫2片B布片、2片B與C布片拼接完成的帶狀區塊，接縫2片D布片，完成中央大方形區塊。拼接B、E、F布片，B、D、E、F布片，完成三角形區塊，分別完成2片，與中央大方形區塊彙整成圖案。縫合接縫處時，以珠針確實固定，將角上部位接縫得更加漂亮。縫份皆倒向外側。

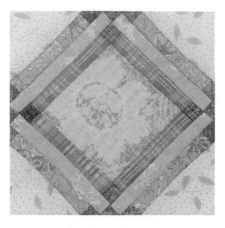

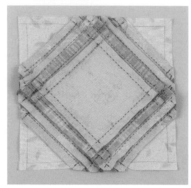

＊ 縫份倒向

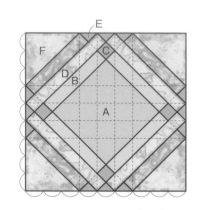

1 準備1片A布片與2片B布片。布片背面疊合紙型，以2B鉛筆作記號，預留縫份0.7cm，進行裁布。A布片的相對2邊分別接縫B布片。

2 正面相對疊合2片，對齊記號，以珠針固定兩端、中心、兩者間。由布端開始接縫，進行一針回針縫之後，進行平針縫，縫至布端，再進行一針回針縫。

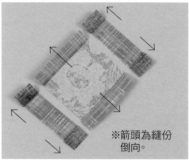

3 縫份整齊修剪成0.6cm。另一片B布片也以相同作法接縫，縫份倒向B布片，完成中央區塊。B布片兩端接縫C布片，完成2個帶狀區塊，接縫於2邊。

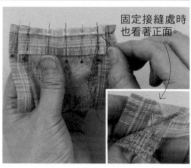

固定接縫處時也看著正面。

4 正面相對疊合中央小區塊與帶狀區塊，以珠針固定接縫處、兩端、中心、兩者間，由布端開始接縫。較厚部分以上下穿縫※接縫處進行一針回針縫，完成中央大區塊。

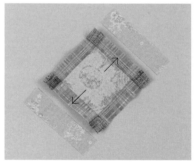

5 步驟4大區塊縫份倒向外側。2邊接縫D布片。

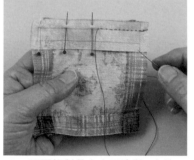

6 正面相對疊合大區塊與D布片，對齊記號，以珠針固定兩端、中心、兩者間，由布端開始接縫。縫份倒向外側，完成中央大方形區塊。

7 B布片兩端拼接2片E布片之後，接縫F布片，完成三角形區塊。此區塊共完成4片。

8 中央大方形區塊的相對邊，分別接縫2片步驟7的三角形區塊。

9 D布片兩端接縫2片E布片之後，接縫步驟7的三角形區塊。共完成2片。

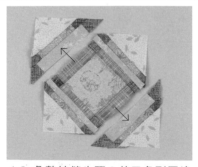

10 彙整接縫步驟9的三角形區塊與步驟8的區塊。

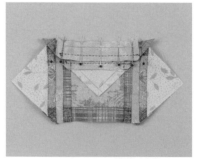

11 正面相對疊合區塊，以珠針固定接縫處、兩端、中心、兩者間，由布端開始接縫。較厚部分以上下穿縫法※完成縫製，接縫處進行一針回針縫。
※縫針垂直穿入穿出的縫法。

裁布圖（單位：cm）
※除了註記為原寸裁剪之外，其餘皆需外加縫份。

●材料

手提袋 各式拼接用布片 袋口布 45×35cm（包含袋底部分） 提把用表布、裡布各45×20cm 釦絆用布 20×15cm 袋身與袋底用胚布 90×45cm 袋口用胚布 45×25cm 雙面接著鋪棉100×50cm 直徑1.8cm 按釦2組
波奇包 各式拼接用布片（包含提把包覆用布部分） I、J用布35×30cm K用布25×15cm（包含吊耳部分） 雙面接著鋪棉、胚布各50×30cm 寬2.5cm 平面織帶30cm 內尺寸2.5cm 方形環1個 長25cm拉鍊1條
※圖案與手提袋原寸紙型B面⑫。

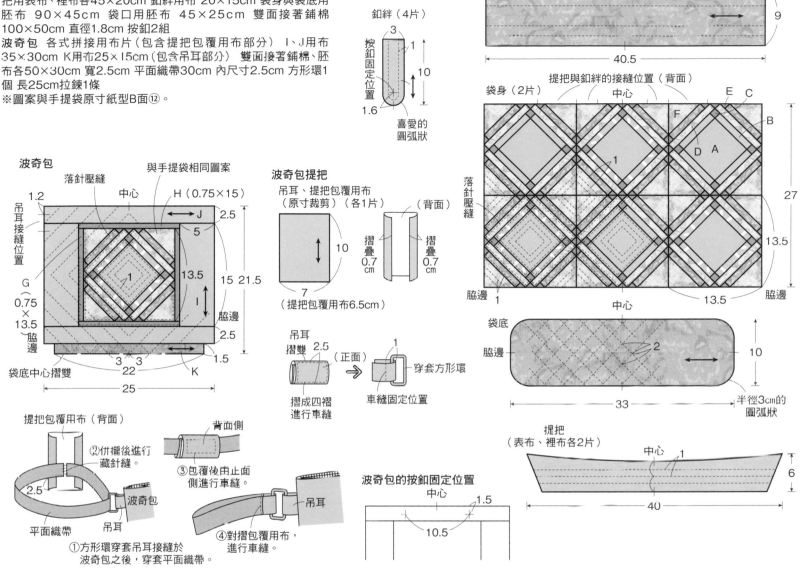

手提袋

釦絆（4片）
3
1
10
1.6
按釦固定位置
喜愛的圓弧狀

袋口布（2片）
中心
1.5
9
40.5

提把與釦絆的接縫位置（背面）
袋身（2片）
中心
E C
F
B
D A
1
落針壓縫
27
13.5
脇邊 1
13.5
脇邊

袋底
中心
脇邊
2
10
33
半徑3cm的圓弧狀

提把
（表布、裡布各2片）
中心
1
6
40

波奇包
落針壓縫
中心
與手提袋相同圖案
H（0.75×15）
1.2
J
2.5
5
吊耳接縫位置
13.5
15 21.5
1
G
0.75×13.5
脇邊
I
脇邊
2.5
1.5
袋底中心摺雙
3 3
22
25
K

波奇包提把
吊耳、提把包覆用布
（原寸裁剪）（各1片）
（背面）
10
摺疊0.7cm
摺疊0.7cm
7
（提把包覆用布6.5cm）

吊耳摺雙 2.5
（正面）
1
穿套方形環
車縫固定位置
摺成四褶進行車縫

波奇包的按釦固定位置
中心
1.5
10.5

提把包覆用布（背面）
②併攏後進行藏針縫。
2.5
平面織帶
吊耳
波奇包
背面側
③包覆後由止面側進行車縫。
吊耳
④對摺包覆用布，進行車縫。
①方形環穿套吊耳接縫於波奇包之後，穿套平面織帶。

---

1 | 袋身表布描畫壓縫線。

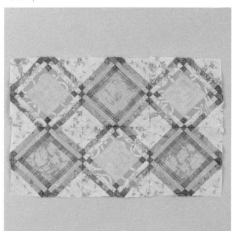

拼接6個區塊（燙開縫份），完成袋身表布，A與F布片以2B鉛筆描畫壓縫線。製作紙型，更輕鬆迅速地描畫壓縫線。

2 | 疊合鋪棉、胚布、表布進行縫合。

雙面接著鋪棉
胚布（正面）
表布（背面）

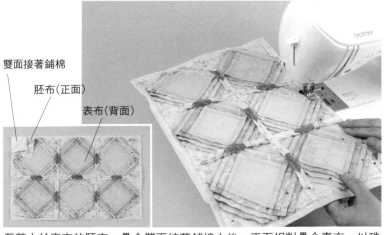

裁剪大於表布的胚布，疊合雙面接著鋪棉之後，正面相對疊合表布，以珠針固定脇邊與下部。進行車縫（車縫靠近時取下珠針）

3 | 翻向正面,以熨斗燙黏鋪棉。

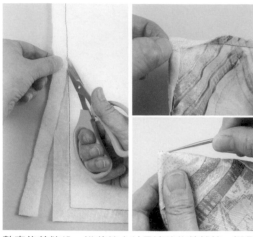

整齊修剪縫份,沿著縫合針目邊緣修剪鋪棉。摺疊縫份,手指捏住角上部位狀態下,翻向正面,以尖錐調整角上。

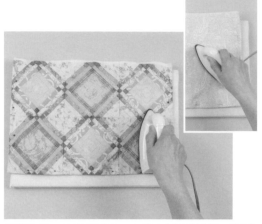

整理布端,以珠針固定,由表布側壓燙促使鋪棉黏合。小心壓燙避免太用力而失去蓬蓬感。胚布側也壓燙。

4 | 進行壓線。

挑縫3層,進行壓線。慣用手中指套上頂針器,一邊推壓針頭,一邊挑縫2、3針,壓縫整齊漂亮針目。

5 | 製作袋底。

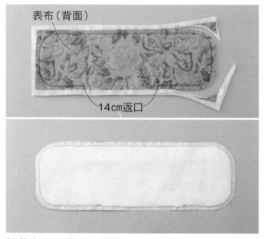

表布(背面)

14cm返口

粗裁表布,背面作記號。如同袋身作法,疊合雙面接著鋪棉、胚布、表布,預留返口,進行車縫。整齊修剪縫份,沿著縫合針目邊緣修剪鋪棉。

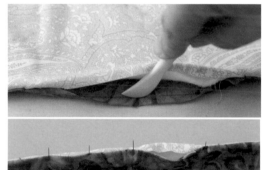
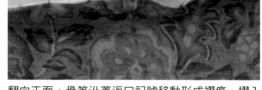

翻向正面,骨筆沿著返口記號移動形成褶痕,摺入縫份,以珠針固定。

脇邊

中心

以梯形藏針縫進行縫合。以熨斗燙黏鋪棉,進行壓線。穿縫脇邊與中心作上記號。

6 | 2片袋身接縫成筒狀。

完成線

袋身完成壓線之後,沿著袋口描畫完成線。下部中心以線穿縫作上記號。

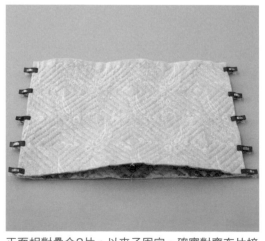

正面相對疊合2片,以夾子固定。確實對齊布片接縫處。

挑縫表布進行捲針縫。併攏胚布進行捲針縫更加牢固。

7 | 製作袋口布。

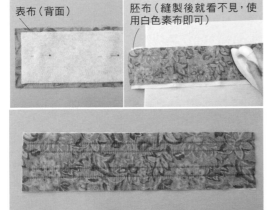

表布（背面）

胚布（縫製後就看不見，使用白色素布即可）

鋪棉

正面相對疊合2片，以珠針固定兩脇邊，進行車縫。以珠針固定時，以鋪棉為大致基準，確實對齊，以免壓縫線錯開。

表布背面疊合原寸裁剪的雙面接著鋪棉，對齊記號，以珠針固定。以熨斗輕輕壓燙之後，疊合於胚布，以珠針重新固定，以熨斗燙黏，進行壓線。

8 | 製作提把。

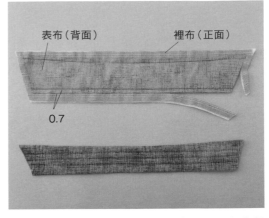

表布（背面）　裡布（正面）

0.7

正面相對疊合表布（裁布時預留縫份0.7cm）與裡布，疊合雙面接著鋪棉，進行車縫。沿著表布裁掉鋪棉與裡布的多餘部分，沿著縫合針目邊緣修剪鋪棉，翻向正面，以熨斗壓燙，進行壓線。

中心　裡布
5　5　表布

背面相對沿著提把中心對摺，以夾子固定，沿著中心兩側5cm處，挑縫表布，進行梯形藏針縫。

9 | 製作縫釦固定波奇包的釦絆。

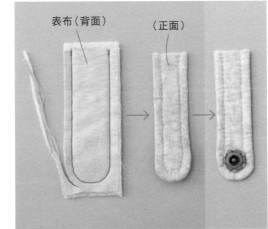

表布（背面）　（正面）

正面相對疊合2片布片，疊合雙面接著鋪棉，進行車縫，縫上記號。如同提把作法，裁掉布片與鋪棉的多餘部分，翻向正面，壓燙之後進行壓線。縫上按釦。

10 | 提把與釦絆暫時固定於本體。

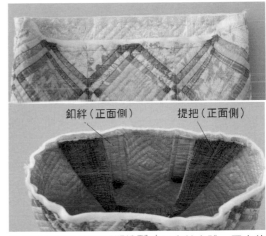

釦絆（正面側）　提把（正面側）

提把與釦絆分別以疏縫線暫時固定於本體。固定位置以區塊接縫處為大致基準，圖示中以疏縫線由正面穿縫，使記號出現於背面側。

11 | 沿著本體袋口縫合袋口布。

燙開縫份

正面相對，沿著本體袋口套上袋口布，對齊脇邊與中心，對齊袋口布鋪棉的邊緣與本體袋口的記號，以珠針固定。

縫紉機切換成Free Arm模式，沿著袋口進行縫合。袋口布的鋪棉邊緣仔細縫合，車縫靠近時取下珠針。

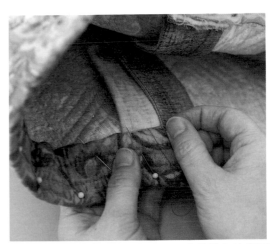

對半反摺袋口布，摺入縫份，以珠針固定於背面側，進行藏針縫。

12 | 縫合固定提把。

波奇包

袋底(背面)

袋身(背面)

袋身下部正面相對疊合袋底，對齊中心與脇邊，以夾子夾住，挑縫表布，進行捲針縫。胚布也進行捲針縫。

1.5

往上拉高提把，進行藏針縫1.5cm（左下）。朝著面前摺疊提把，正面側也進行藏針縫（右下），縫至左側為止。

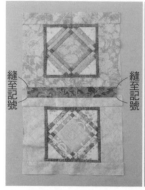
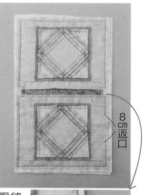

縫至記號

縫至記號

8cm返口

凹處縫份剪剪牙口

① 拼接布片完成表布描畫壓縫線，胚布背面黏貼雙面接著鋪棉之後，正面相對疊合，車縫周圍。整齊修剪縫份，沿著縫合針目邊緣修剪鋪棉。

吊耳的車縫處

吊耳的車縫處對齊本體的邊端，挑縫本體的表布與吊耳的車縫處下方，以藏針縫縫合固定。

② 如同手提袋的袋身作法，翻向正面，縫合返口，進行壓線。吊耳（請參照P.67）縫於左上角。

③ 正面相對沿著袋底中心摺疊，以夾子固定脇邊，如同手提袋的袋身作法，表布、胚布依序進行捲針縫。吊耳進行藏針縫，縫合步驟②未縫合部分。最後以脇邊為中心，完成袋底側身捲針縫。

脇邊

袋底側身進行捲針縫

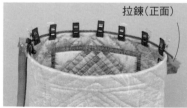

拉鍊(正面)

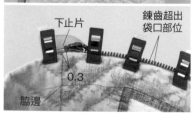

下止片

鍊齒超出袋口部位

脇邊

0.3

④ 袋口背面疊合拉鍊，由下止片側對齊，以夾子固定。

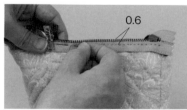

0.6

0.5

⑤ 以拉鍊布織紋相異部位為大致基準，由下止片下方開始進行星止縫。沿著脇邊內側0.5cm處，細心縫合以免縫合針目出現於正面。

⑥ 另一側以夾子固定。下止片易往上錯開位置，請用力下拉固定。

下止片側

疊合吊耳，進行藏針縫

上止片側

⑦ 沿著拉鍊邊端進行藏針縫之後，依圖示摺入拉鍊兩端。上止片側疊合吊耳，進行藏針縫。

最適夏天的透涼穿著

選用透氣又舒適的亞麻，作出飄逸又有型的手作服。

温室裁縫師
手工縫製的温柔系棉麻質感日常服

温可柔◎著
平裝／136 頁／21×26cm 彩色＋單色／定價 520 元

Shinnieの貼布縫圖案集
我喜歡的幸福小事記

粉絲作品大募集得獎發表

執行編輯／黃璟安
設計美編／韓欣恬

　謝謝大家對於《Shinnie
貼布縫圖案集—我喜歡的
幸福小事記》的支持，這
次的粉絲作品大募集，看
到好多可愛又優秀的作
品，證明大家買了書真
的有打拼，有認真，有在
作！由Shinnie老師及編
輯部團隊進行激烈的討論
與評選後，得獎名單出爐
啦！大家一起來欣賞這些
創意十足的作品吧！

Shinnie以新書圖案製作
的大壁飾，讀者也可以
將自己喜愛的圖案貼布
縫集結成自己的手作拼
被喔！

▶作品設計製作／Shinnie

特優賞 李美芳

創作者姓名：李美芳

獎　　　品：《Shinnie貼布縫圖案集—我喜歡的幸福小事記》手作圍裙＋拼布教室2022夏季號1本

得 獎 原 因：圖案貼縫搭配布片拼接，構圖豐富，袋款實用大方，極具質感。

作 品 名 稱：小旅行托特包

創 作 說 明：看到Shinnie貼布縫圖案集時，好喜歡裡面圖案的設計，於是心中慢慢有了想法，喜歡旅行、逛街、散步的我，應該作個實用又喜歡的包型，讓這個獨一無二的它陪我到處走走！

優選賞 Mei-Wen Chiang

創作者姓名：Mei-Wen Chiang

獎　　　品：《Shinnie貼布縫圖案集—我喜歡的幸福小事記》手作口金包＋拼布教室2022夏季號1本

得 獎 原 因：配色甜美可愛又吸睛，充滿少女心，討喜度很高的作品。

作 品 名 稱：蝴蝶結女孩側背包

創 作 說 明：我的心裡住著一個小女孩，她喜歡可愛的、與眾不同的，Shinnie的創作就對啦！在Shinnie新書裡的圖案，挑呀挑的，好難選擇哦！ 還是從可愛開始吧！一直想著要作與眾不同的包型，邊作邊想，最後決定還是側背包！

佳作賞 鍾碧玲

創作者姓名：鍾碧玲

獎　　　品：《Shinnie貼布縫圖案集—我喜歡的幸福小事記》手作餐墊組＋拼布教室2022夏季號1本

得 獎 原 因：整體配色協調，袋物功能性佳，十分用心的作品。

作 品 名 稱：女孩遛雞束口包

創 作 說 明：Shinnie的貼布女孩系列都超可愛，搭配上小布塊的拼接，完成此束口包。

贈品將於2022年9月統一寄出（贈品寄送僅限台灣地區）。
雅書堂文化有最終活動解釋及修改之權利。

創作者姓名：王秀娟
作品名稱：小廚娘手挽包
創作說明：
謝謝出版社舉辦了這次的活動，也謝謝Shinnie老師的美圖，為最愛的人準備餐點是件快樂的事，特意把它作成了手挽包，帶著我的小廚娘手挽包逛街購物去！有了想法，喜歡旅行、逛街、散步的我，應該作個實用又喜歡的包型，讓這個獨一無二的它陪我到處走走！

創作者姓名：陳意婷
作品名稱：改變！女孩側背包
創作說明：
這本書上的文字喚醒我，在現實生活中，不要因為社會的改變，或是步入婚姻，忙得不可開交的生活，就忘了原本的自我。放慢腳步，作自己喜歡的事，享受貼布縫的快樂，穿自己喜歡的洋裝，捲個大波浪髮型，提著自己的手作包，走出去，散散心，喝杯咖啡，都會讓思想變得亮麗！所以主圖旁邊的多色圓圈，代表想法改變後的愉快心情。

創作者姓名：戴慧如（Demi Tai）
作品名稱：Shinnie娃與
　　　　　　南瓜豐收萬用小包
創作說明：
因為喜歡Shinnie老師的娃而踏進貼縫拼布裡，將近20個年頭依舊不變。新書「Shinnie的貼布縫圖案集」裡，每個圖都好愛，對這個Shinnie娃與豐收南瓜圖 很有感，特別挑了老師2016年出版著作「Shinnie Love手作生活步調」書裡的萬用包版型，完成這次的作品。

創作者姓名：王紫戀
作品名稱：硬殼長夾
創作說明：
貼布縫作品不一定要用鋪棉，用不同的襯，也可以創作出美麗的作品。將可愛的娃兒作成長夾，每天拿，心情好，開心！

創作者姓名：高慈薇
作品名稱：旅行背包
創作說明：
四月底作了頸椎手術，無法手提或側背，作個背包，想出遊玩樂，就能背著它出門！

創作者姓名：陳麗華
作品名稱：不給糖，要搗蛋嗎？
創作說明：
可愛的小包包，最適合可愛的小魔女。

創作者姓名：李鳳珠
作品名稱：中間拉鍊隔層斜背包
創作說明：
包包裡面兩側各有一個開放式口袋，後面則作有開放式造型口袋的斜背包。

《Shinnie貼布屋》 歡迎粉絲們的加入！

這個社團，是想鼓勵喜歡Shinnie老師作品的粉絲們，自由發揮創意，運用圖案創作作品的園地，歡迎大家繼續在社團裡分享作品，讓每一個喜歡Shinnie老師的同好們，也能夠得到新的刺激和靈感。把喜歡的事變成手作的事，把手作的事變成喜歡的事，你喜歡的幸福小事記，一定也有很多很多！

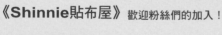

📘臉書社團：《Shinnie貼布屋》
https://www.facebook.com/groups/735230550995727

**Shinnieの貼布縫圖案集
我喜歡的幸福小事記**
Shinnie ◎著
平裝全彩本 84 頁＋單色本 84 頁
20cm×20cm ／定價 520 元

內含全彩本＋圖案附錄別冊

2022
台灣拼布藝術節

祈豐年

來風城

瘋拼布

邀您一起來曬被！

活動時間

2022／10／1（六）
早上09:00 - 下午16:00

活動地點

新竹公園

活動內容

一. 壁飾遊行及曬被（網路報名）
　　a. 100cm 壁飾
　　b. 50cm／100cm 紅白壁飾

二. 公益捐贈 - 新竹家扶中心
　　a. 豐小品（30cm）捐贈活動（網路報名）
　　b. 拼布包／小物義賣
　（請於2022／9／15前寄至主辦單位）

三. 拼布包／衣走秀（網路報名）

四. 廠商贊助品摸彩

五. 廠商周邊展示／示範/闖關遊戲

六. 竹苗區拼布教室靜態宣傳

雅書堂文化
當天也設有攤位喔！
歡迎大家來找我們玩！

主辦單位：新竹市手工藝製品業職業工會
　　　　　台灣拼布藝術節團隊（代表人／徐中秀老師）

連絡電話：03-5520646

協辦單位：財團法人新竹市文化基金會

捐贈項目寄送地址：302003 竹北市文昌街74號三色菫拼布坊

更多相關資訊 f 台灣拼布藝術節 🔍

報名表單QRCODE

照亮我生命

文字、作品圖片提供／徐旻秀老師

攝影／Muse Cat Photography吳宇童（主作品）

執行編輯／黃璟安 設計美編／韓欣恬

「只要不離開布，

任何的手作都是我興趣的維持。」 ——徐旻秀老師

我所嫁的伴侶，比我早一年出國攻讀學位。隔年，1990年，他回台跟我結婚後7天，我們即飛往美國密蘇里州展開婚姻生活。

初到美國時，除了在學校上課之外，因緣際會下，有一位日本媽媽贈送我一台縫紉機，我在空閒時，就製作家裡的窗簾、椅套……，一次偶然的機會中，在教會接觸拼布並起了興趣，自此便在家看書自學。除了圖書館的英文書籍，也從芝加哥的日文書店訂購日文拼布雜誌，為了隔年出生的女兒製作小物及簡單被子。

我在美國待了4年多，拼布伴隨著女兒的出生，一起成長，也奠定自己回台之後的教學根據。

2019年初，我接到台灣國際拼布展策展人林幸珍老師的邀約，成為參與創作發表的台灣20位作者當中之一，我製作了「從圓開始」以此為主題的作品，而這幅尺寸150×150cm的壁飾「照亮我生命」，集結於隔年聯合展出。

關於「圓」的創作靈感，來自於我的父親，他送給我的圓規跟了我20幾年，亦奠定我偏好製作有關「圓」的作品。

而這件作品在2019年8月父親離世後的同年9月才開始啟動，內容相當簡單，只是想要表達，爸爸的愛所留給我的無限思念。

2019年與家合國際合作連續八次的JQ縫紉機系列完整拼布課程，這件作品亦將課程內的機縫技巧，全部運用發揮，其中包括拼接、貼布縫、仿手縫、接合縫、縫紉機的花盤運用。

接下來我想創作的主題，仍是與天空、宇宙萬物相關的拼布作品，也會持續進行教學活動。拼布與手作，是學習的歷程，不是每個人都好學，有恆心，教育就是要堅持，堅持才會有希望，餘生不長，未來希望更多自己的時間可以繼續創作，也協助有需求的人，只要不離開布，任何的手作都是我興趣的維持。

「光與影」　作品尺寸：103cm（寬）× 95cm（高）

圖1＆2：「照亮我生命」及「光與影」兩件作品應韓國社團法人亞洲專業裁縫協會（AMSA）邀請於2022年六月底於韓國、清州展出。同年11月3～5日這兩件作品及手邊正在進行的新作，將在日本、橫濱受邀請展出，敬請期待。

徐旻秀 老師　　　　　　　　　關於作者

拼布獨習，拼布資歷32年。現任Julia拼布執行長，2008年 National Quilting Association,美國NQA榮譽、模範拼布獎、評審獎。2009年 American Quilter's Society,美國AQS 第三名，2012年 International Quilt Week Yokohama,日本橫濱拼布展金龜糸企業賞。2019年太平洋橫濱拼布展獲選拼布時間賞，獲獎經歷無數，亦經常於各國受邀參展，目前致力於拼布創作及教學。

與斉藤謠子老師，一起享受小物樂趣
來作掌心上的拼布吧！

斉藤謠子的掌心拼布
小巧可愛！造型布小物&實用小包
斉藤謠子◎著
平裝 96 頁／ 19cm×26cm ／彩色 + 單色
定價 580 元
內附紙型

日本拼布名師——
斉藤謠子以「掌心裡可愛小巧的手作小物，
我的私藏拼布寶貝」為創作出發點，
於書中收錄了25件設計感滿滿、
又各具造型精彩絕倫的拼布作品。
手掌大的波奇包、實用的收納盒、
小包、動物造型偶、別針等等，
將拼接的小布片轉化成實用的生活布作，
握在手心的可愛，
布置於居家或隨身攜帶使用，
皆是專屬拼布人增添生活的實踐藝術。
本書收錄作品附有詳細圖解作法、
基本拼接技巧教學，內附紙型＆圖案，
適合各程度的手作人，
拿出布櫃裡收集的小小布片，
它們一定也能變身成新的手作珍寶喔！

一定要學會の 拼布基本功

基本工具

針

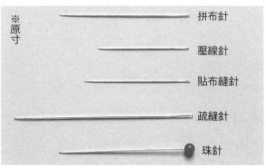

※原寸

- 拼布針
- 壓線針
- 貼布縫針
- 疏縫針
- 珠針

配合用途有各式各樣的針。拼布針為8至9號洋針，壓線針細且短，貼布縫針像絹針一樣細又長，疏縫針則比較粗且長。

線

壓縫用線
疏縫線
拼布線

拼布適用60號的縫線，壓線建議使用上過蠟、有彈性的線。但若想保有柔軟度，也可使用與拼布一樣的線。疏縫線如圖示，分成整捲或整捆兩種包裝。

記號筆

一般是使用2B鉛筆。深色布以亮色系的工藝用鉛筆或色鉛筆作記號，會比較容易看見。氣消筆或水消筆在描畫壓線線條時很好用。

頂針器

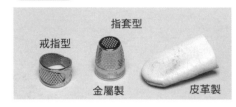

指套型
戒指型
金屬製
皮革製

平針縫與壓線時的必備工具。一旦熟練使用，縫出的針趾就會漂亮工整。戒指型主要用於平針縫，金屬或皮革製的指套則用於壓線。

壓線框

繡框的放大版。壓線時將布框入撐開。直徑30至40cm是好用的尺寸。

拼布用語

◆圖案（Pattern）◆
拼縫三角形或四角形的布片，展現幾何學圖形設計。依圖形而有不同名稱。

◆布片（Piece）◆
組合圖案用的三角形或四角形等的布片。以平針縫縫合布片稱為「拼縫」（Piecing）。

◆區塊（Block）◆
由數片布片縫合而成。有時也指完成的圖案。

◆表布（Top）◆
尚未壓線的表層布。

◆鋪棉◆
夾在表布與底布之間的平面棉襯。適用密度緊實的薄鋪棉。

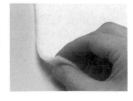

◆底布◆
鋪棉的底布。夾在表布與底布之間。適用織目疏鬆、針容易穿過的材質。薄布會讓壓線的陰影無法漂亮呈現於表層，並不適合。

◆貼布縫◆
另外縫合上其他的布。主要是使用立針縫（參照P.83）。

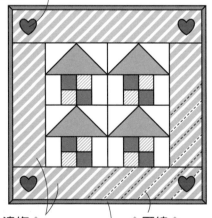

◆大邊條◆
接縫在由數個圖案縫合的表布邊緣的布。

◆包邊◆
以斜紋布條包覆完成壓線的拼布周圍或包包的袋口縫份。

◆壓線◆
重疊表布、鋪棉與底布，壓縫3層。

◆壓線線條◆
在壓線位置所作的記號。

主要步驟

製作布片的紙型。

使用紙型在布上作記號後裁布，準備布片。

拼縫布片，製作表布。

在表布描畫壓線線條。

重疊表布、鋪棉、底布進行疏縫。

進行壓線。

包覆四周縫份，進行包邊。

拼縫前準備工作

下水

新買的布在縫製前要水洗。即使是統一使用相同材質的布拼縫，由於縮水狀況不一，有時作品完成下水仍舊出現皺縮問題。此外，以水洗掉新布的漿，會更好穿縫，且能預防褪色。大片布就由洗衣機代勞，洗後在未完全乾燥時，一邊整理布紋，一邊以熨斗整燙。

關於布紋

原寸紙型上的箭頭所指方向代表布紋。布紋是指直橫交織而成的紋路。直橫正確交織，布就不會歪斜。而拼布不同於一般裁縫，布紋要對齊直布紋或橫布紋任一方都OK。斜紋是指斜向的布紋。與直布紋或橫布紋呈45度的稱為正斜向。

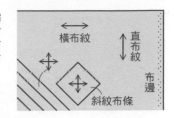

製作紙型

將製好圖的紙，或是自書本複印下來的圖案，以膠水黏貼在厚紙板上。膠水最好挑選不會讓紙起皺的紙用膠水。接著以剪刀沿著線條剪開，註明所需數量、布紋，並視需要加上合印記號。

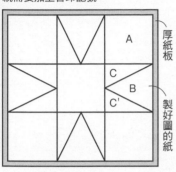

厚紙板
製好圖的紙

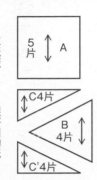

5片 A
C4片
B 4片
C'4片

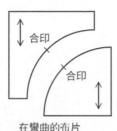

合印
合印

在彎曲的布片加上合印記號

作上記號後裁剪布片

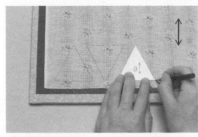

紙型置於布的背面，以鉛筆作上記號。在貼上砂紙的裁布墊上作記號，布比較不會滑動。縫份約為0.7cm，不必作記號，目測即可。

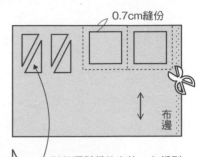

0.7cm縫份
布邊

形狀不對稱的布片，在紙型背後作上記號。

C

拼縫布片

◆始縫結◆

縫前打的結。手握針，縫線繞針2、3圈，拇指按住線，將針向上拉出。

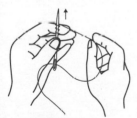

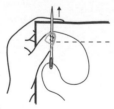

1 2片布正面相對，以珠針固定，自珠針前0.5cm處起針。

2 進行回針縫，手指確實壓好布片避免歪斜。

3 以手指稍微整理縫線，避免布片縮得太緊。

4 在止縫處回針，並打結。留下約0.6cm縫份後，裁剪多餘布片。

◆止縫結◆

縫畢，將針放在線最後穿出的位置，繞針2、3圈，拇指按住線，將針向上拉出。

◆分割縫法◆

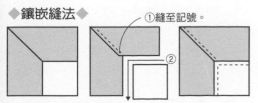

① ②

直線方向由布端縫到布端時，分割成帶狀拼縫。

◆鑲嵌縫法◆

①縫至記號。
②

無法使用直線的分割縫法時，在記號處止縫，再嵌入布片縫合。

各式平針縫

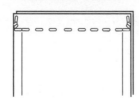

由布端到布端
兩端都是分割縫法時。

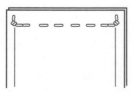

由記號縫至記號
兩端都是鑲嵌縫法時。

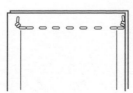

由布端縫至記號
縫至記號側變成鑲嵌縫法時。

縫份倒向

縫份不熨開而倒向單側。朝著要倒下的那一側，在針趾向內1針的位置摺疊縫份，以指尖往下按壓。

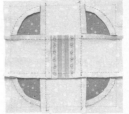
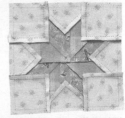

基本上，縫份是倒向想要強調的那一側，彎曲形則順其自然的倒下。其他還有全部朝同一方向倒下，或是倒向外側等，各式各樣的倒向方法。碰到像檸檬星（右）這種布片聚集在中心的狀況，就將菱形布片兩兩縫合成縫份倒向同一個方向的區塊，整合成上下的帶狀布後，再彼此縫合。

描畫壓線線條，進行疏縫

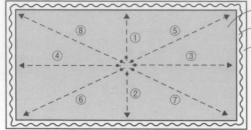

表布（正面）
鋪棉
底布（背面）

⑧ ① ⑤
④ ③
⑥ ② ⑦

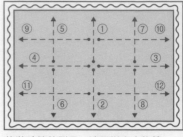

⑨ ⑤ ① ⑦ ⑩
④ ③
⑪ ⑫
⑥ ② ⑧

以熨斗整燙表布，使縫份固定。接著在表面描畫壓線記號。若是以鉛筆作記號，記得不要畫太黑。在畫格子或條紋線時，使用上面有平行線及方眼格線的尺會很方便。

準備稍大於表布的底布與鋪棉，依底布、鋪棉、表布的順序重疊，以手撫平，再以珠針重點固定。由中心向外側進行疏縫。上圖是放射狀疏縫的例子。

格狀疏縫的例子。適用拼布小物等。

表布

止縫作一針回針縫，不打止縫結，直接剪掉線。

壓線

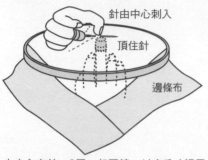

針由中心刺入
頂住針
邊條布

由中心向外，3層一起壓線。以右手（慣用手）的頂針指套壓住針頭，一邊推針一邊穿縫。左手（承接手）的頂針指套由下方頂針。使用拼布框作業時，當周圍接縫邊條布，就要刺到布端。

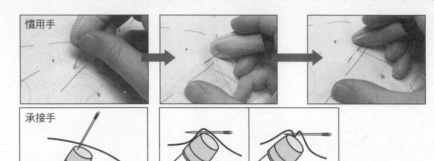

慣用手

承接手

針由上刺入，以指套頂住。→以指套將布往往上提，在指套邊作出一個山形，再以慣用手的指套推針，貫穿山腰。→以指套往左錯開，製造下個一山形，再依同樣方式穿縫。

每穿縫2、3針，就以指套壓住針後穿出。

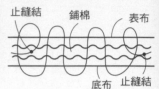

止縫結　鋪棉　表布

底布　止縫結

從稍偏離起針的位置入針，將始縫結拉至鋪棉內，縫一針回針縫，止縫也要縫一針回針縫，將止縫結拉至鋪棉內藏起來。

包邊

畫框式滾邊

所謂畫框式滾邊，就是以斜紋布條包覆拼布四周時，將邊角處理成及畫框邊角一樣的形狀。

斜紋布條作法

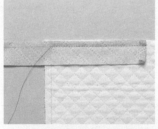

1 在正面描畫四周的完成線。斜紋布條正面相對疊放在拼布上，對齊斜紋布條的縫線記號與完成線，以珠針固定，縫到邊角的記號，在記號縫一針回針縫。

2 針線暫放一旁，斜紋布條摺成45度（當拼布的角是直角時）。重要的是，確實沿記號邊摺疊成與下一邊平行。

3 斜紋布條沿著下一邊摺疊，以珠針固定記號。邊角如圖示形成一個褶子。在記號上出針，再次從邊角的記號開始縫。

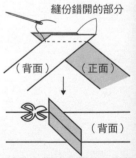

◆量少時◆

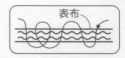

必須是包邊寬度的4倍

45度

縫份錯開的部分

（背面）　（正面）

（背面）

布摺疊成45度，畫出所需寬度。1cm寬的包邊需要4cm、0.8cm寬要3.5cm、0.7cm寬要3cm。包邊寬度愈細，加上布的厚度要預留寬一點。

接縫布條時，兩片正面相對，以細針目的平針縫縫合。熨開縫份，剪掉露出外側的部分。

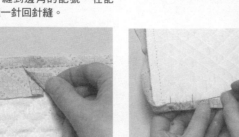

4 布條在始縫時先摺1cm。縫完一圈後，布條與摺疊的部分重疊約1cm後剪斷。

5 縫份修剪成與包邊的寬度，布條反摺，以立針縫縫合於底布。以布條的針趾為準，抓齊滾邊的寬度。

6 邊角整理成布條摺入重疊45度。重疊處縫一針回針縫變得更牢固。漂亮的邊角就完成了！

◆量多時◆

縫份錯開的部分

（背面）

（正面）

布裁成正方形，沿對角線剪開。

裁開的布正面相對重疊並以車縫縫合。

熨開縫份，沿布端畫上需要的寬度。另一邊的布端與畫線記號錯開一層，正面相對縫合。以剪刀沿著記號剪開，就變成一長條的斜紋布。

拼布包縫份處理

A 以底布包覆

側面正面相對縫合，僅一邊的底布留長一點，修齊縫份。接著以預留的底布包覆縫份，以立針縫縫合。

B 進行包邊（外包邊的作法相同）

適合彎弧部分的處理方式。兩片正面相對疊合（外包邊是背面相對），疏縫固定，斜紋布條正面相對，進行平針縫。

修齊縫份，以斜紋布條包覆進行立針縫，即使是較厚的縫份也能整齊收邊。斜紋布條若是與底布同一塊布，就不會太醒目。

C 接合整理

處理後縫份不會出現厚度，可使作品平坦而不會有突起的情形。以脇邊接縫側面時，自脇邊留下2、3cm的壓線，僅表布正面相對縫合，縫份倒向單側。鋪棉接合以粗針目的捲針縫縫合，底布以藏針縫縫合。最後完成壓線。

貼布縫作法

方法A（摺疊縫份以藏針縫縫合）

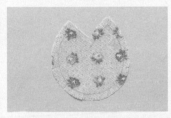

在布的正面作記號，加上0.3至0.5cm的縫份後裁布。在凹處或彎弧處剪牙口，但不要剪太深以免綻線，大約剪到距記號0.1cm的位置。接著疊放在土台布上，沿著記號以針尖摺疊縫份，以立針縫縫合。

方法B（作好形狀再與土台布縫合）

在布的背面作記號，與A 一樣裁布。平針縫彎弧處的縫份。始縫結打大一點以免鬆脫。接著將紙型放在背面，拉緊縫線，以熨斗整燙，也摺好直線部分的縫份。線不動，抽掉紙型，以藏針縫縫合於土台布上。

基本縫法

◆平針縫◆

◆回針縫◆

◆立針縫◆

◆星止縫◆

◆捲針縫◆

◆梯形縫◆

兩端的布交替，針趾與布端呈平行的挑縫

安裝拉鍊

從背面安裝

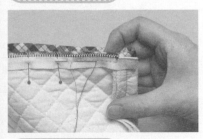

對齊包邊端與拉鍊的鍊齒，以星止縫縫合，以免針趾露出正面。以拉鍊的布帶為基準就能筆直縫合。
※縫合脇邊再裝拉鍊時，將拉鍊下止部分置於脇邊向內1cm，就能順利安裝。

從正面安裝

同上，放上拉鍊，從表側在包邊的邊緣以星止縫縫合。縫線與表布同顏色就不會太醒目。因為穿縫到背面，會更牢固。背面的針趾還可以裡袋遮住。

拉鍊布端可以千鳥縫或立針縫縫合。

包邊繩作法

棉繩

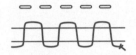
毛線

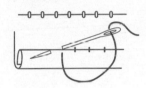
細圓繩

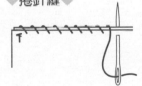

以斜紋布條將芯包住。若想要鼓鼓的效果就以毛線當芯，或希望結實一點就以棉繩或細圓繩製作。棉繩與細圓繩是以用斜紋布條邊夾邊縫合，毛線則是斜紋布條縫合成所需寬度後再穿。

◆棉繩或細圓繩◆

◆毛線◆

縫合側面或底部時，先暫時固定於單側，再壓緊一邊將另一邊包邊繩縫合固定。始縫與止縫平緩向下重疊。

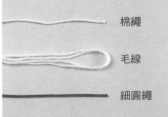

＊圖中的單位為cm。
＊圖中的❶❷為紙型號碼。
＊完完成作品的尺寸多少會與圖稿的尺寸有所差距。
＊關於縫份，原則上布片為0.7cm、貼布縫為0.3至0.5cm，其餘則預留1cm後進行裁剪。
＊附註為原寸裁剪標示時，不留縫份，直接裁剪。
＊製作時請參考P.80至P.83基本技法。
＊刺繡方法請參照P.86。
＊夏威夷拼布的貼布縫作法請參照P.20、P.21。

P6 No.4 壁飾 ●紙型A面❻（原寸貼布縫圖案）

◆材料
白色素布、深藍色素布（包含滾邊部分）
115×220cm B、C用布20×115cm 鋪棉
120×155cm 胚布115×155cm

◆作法順序
A布片進行貼布縫，完成6片圖案，接縫成2×3列→周圍接縫B至E布片→D、E布片進行貼布縫，完成表布→胚布、鋪棉疊合表布，進行壓線→進行周圍滾邊（請參照P.82）。

完成尺寸 147.5×112.5cm

D與E布片的尺寸

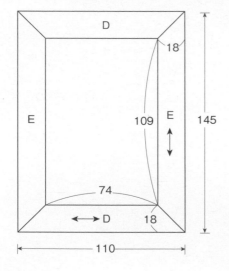

No.5 抱枕 ●紙型A面❾（原寸紙型）

◆**材料（1件的用量）**
貼布縫用布90×45cm（包含滾邊部分） 台布
50×50cm 後片用布70×50cm 鋪棉、胚布各
55×55cm

◆**作法順序**
台布進行貼布縫，完成前片表布→疊合鋪棉與
胚布，進行壓線→依圖示完成縫製。

◆**作法重點**
○角上部位進行畫框式滾邊（請參照P.82）。

完成尺寸　47 × 47cm

後片

（2片）
僅此邊預留
縫份2cm

45

30

前片

中心　　貼布縫

寬
1.2
cm
波
形
壓
線

台布

落針壓縫

45

45

縫製方法

摺成三褶後縫合

①

後片
（正面）

1

（正面）

重疊成45cm

②

1.2cm滾邊

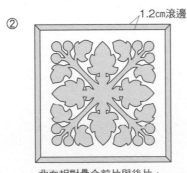

背面相對疊合前片與後片，
進行周圍滾邊。

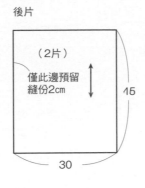

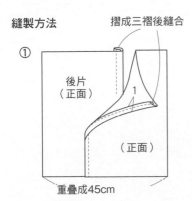

No.3 壁飾 ●紙型A面⓰（原寸貼布縫圖案）

◆**材料**
貼布縫用布片（包含配色布部分）、鋪棉、
胚布各65×130cm 台布110×120cm（包含
滾邊部分）

◆**作法順序**
台布進行貼布縫、MOLA貼布縫，彙整成表
布→胚布、鋪棉疊合表布，進行壓線→進行
周圍滾邊（請參照P.82）。

完成尺寸　116 × 57cm

MOLA貼布縫

配色布

完成線

0.3　　台布

藏針縫

台布的主題圖案部分，
預留縫份0.3cm之後挖空，
疊合於配色布，
一邊摺疊縫份，一邊進行藏針縫。

寬1.2cm波紋壓線　　中心　　寬1.2cm滾邊

落針壓縫

MOLA貼布縫

台布

貼布縫

57

中心

55

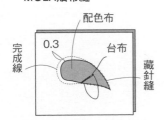

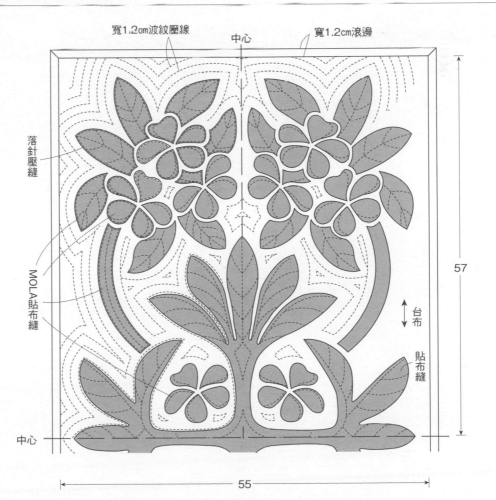

◆材料
貼布縫用布片150×260cm（包含滾邊部分）
台布、鋪棉、胚布各100×300cm

◆作法順序
台布進行貼布縫，彙整成表布→胚布、鋪棉疊合表布，進行壓線→進行周圍滾邊（請參照P.82）。

完成尺寸　183×143cm

雙重滾邊

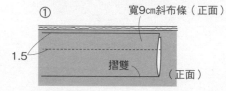

① 寬9cm斜布條（正面）
1.5
摺雙
（正面）

對摺斜布條，
疊合於本體（正面），進行縫合。

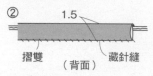

② 1.5
摺雙　（背面）　藏針縫

斜布條翻向背面側，
進行藏針縫。

寬1.5cm雙重滾邊　　寬1.5cm波形壓線　　中心

台布

落針壓縫

90

中心

貼布縫

70

繡法

輪廓繡

3出　1　3　5出
1出
2入　　4入
重複步驟2至3。

法國結粒繡
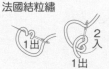
2入
1出
1出

緞面繡
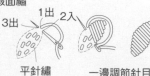
1出　2入
3出
平針繡
一邊調節針目，
一邊重複步驟2至3。

直線繡

7出
1　3　5
出　出　出
2　4　6
入　入　入
8入

飛行繡

1出
3出
2入　4入

8字結粒繡

1出
繡線捲繞成
8字形

稍微拉緊這條線，
繡針由1穿出後，
由近旁位置穿入。

鎖鍊繡

3出　1出
2入
5出

4入
重複步驟2～3。

平針繡

5出　3出　2入
4入　　1出

捲線繡

3出
1出　2入

捲繞繡線
（相較於2至3，
捲繞更長部分）

1　3
2
拉緊繡線
2　4入

釦眼繡

以毛邊繡填滿

◆材料
主題圖案用布、烏干紗各20×25cm　台布40×25cm（包含後片部分）　鋪棉、胚布各
20×30cm　寬5.5cm 烏干紗荷葉邊緞帶（附蕾絲）80cm　寬0.5cm 緞面緞帶160cm　直徑
0.7cm 珍珠2顆 棉花適量

◆作法順序
進行陰影貼布縫與壓線，完成前片（請參照P.18）→周圍夾入荷葉邊緞帶，疊合後片用
布，進行縫合→塞入棉花→縫上緞帶與珍珠。

完成尺寸　16×22cm

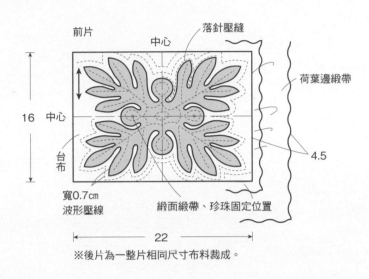

前片
中心
落針壓縫
中心
16
中心
台布
寬0.7cm
波形壓線
緞面緞帶、珍珠固定位置
22
荷葉邊緞帶
4.5

※後片為一整片相同尺寸布料裁成。

縫製方法

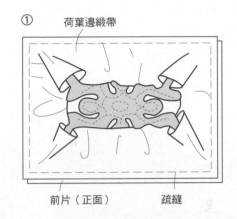

① 荷葉邊緞帶

前片（正面）　疏縫

疊合荷葉邊緞帶，進行疏縫。

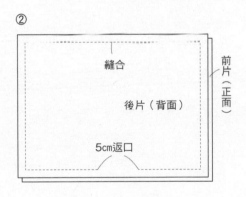

② 縫合
後片（背面）
前片（正面）
5cm返口

後片疊合於裡袋，進行縫合。

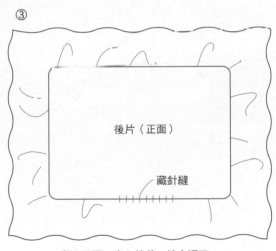

③ 後片（正面）
藏針縫

翻向正面，塞入棉花，縫合返口。

④

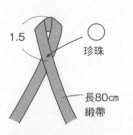

1.5　珍珠

長80cm
緞帶

對摺緞面緞帶，
疊合後穿至後片，
與珍珠一起縫合固定。

◆材料

貼布縫用布30×60cm 台布、裡袋用布各55×85cm 包釦用布10×10cm 鋪棉、胚布
各60×90cm 長60cm 雙頭拉鍊1條 長48cm 提把1組 直徑3cm 包釦心4顆 10×30cm
醫生口金1組

◆作法順序

台布進行貼布縫，完成表布→疊合鋪棉與胚布，進行壓線→製作裡袋→依圖示完成
縫製→拉鍊端部縫上包釦。

完成尺寸　31×35cm

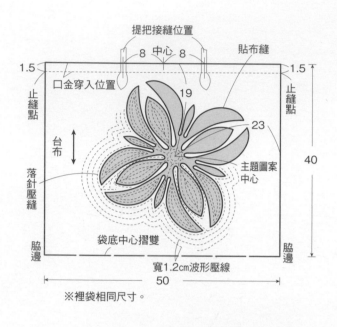

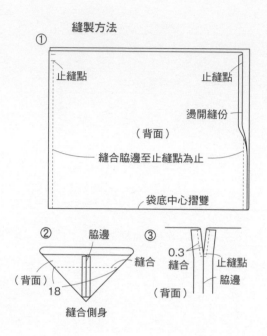

縫製方法

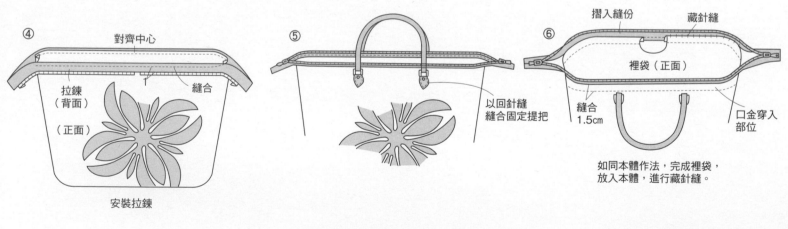

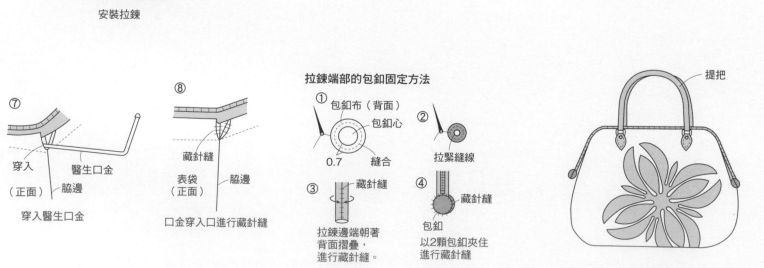

◆材料
貼布縫用布30×65cm 台布110×45cm（包含袋口裡側貼邊部分）　裡袋用布75×40cm
鋪棉、胚布各90×45cm 接著襯20×40cm 內徑2.5cm 環釦4顆 寬1.5cm提把用繩帶190cm

◆作法順序
台布進行貼布縫，完成表布→疊合鋪棉、胚布，進行壓線→製作袋口側貼邊→依圖示完成
縫製→固定環釦，穿上繩帶。

完成尺寸　36×38cm

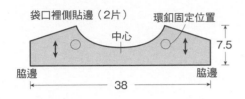

袋口裡側貼邊（2片）　環釦固定位置
中心
脇邊　脇邊
7.5
38

袋口裡側貼邊的縫法
（正面）
（背面）
黏貼接著襯，
正面相對疊合2片，
縫合脇邊，燙開縫份。

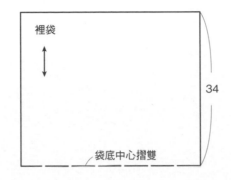

裡袋
34
袋底中心摺雙

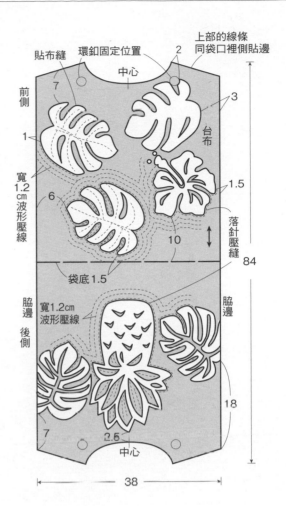

貼布縫　環釦固定位置　上部的線條同袋口裡側貼邊
中心　2
前側
7
3
台布
1
1.5
寬1.2cm波形壓線
6
落針壓縫
10
84
袋底1.5
脇邊後側　寬1.2cm波形壓線　脇邊
18
7　2.5
中心
38

縫製方法

①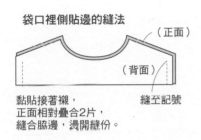
（正面）
縫至記號
縫合
燙開縫份
表布（背面）
縫合
袋底中心摺雙

②
脇邊
縫合
12
縫合側身

③
縫合　剪牙口　本體（背面）
袋口裡側貼邊（背面）
本體（正面）
正面相對縫合袋口裡側貼邊與本體

④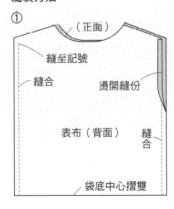
摺疊縫份　（正面）
藏針縫
袋口裡側貼邊（正面）
裡袋（正面）
袋口裡側貼邊翻向正面，如同正面作法，
完成裡袋，套於本體，進行藏針縫。

⑤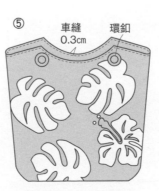
車縫0.3cm　環釦
沿著袋口縫合，固定環釦。

⑥
約60cm
繩帶95cm，
穿入環釦，由內側打結。

◆材料
貼布縫用布25×25cm 本體用布、鋪棉、胚布各40×40cm
裡布30×30cm 黑色接著毛氈布10×10cm 時鐘機件1個
台紙用瓦楞紙

◆作法順序
本體台布進行貼布縫，完成表布→疊合鋪棉、胚布，進行
壓線→依圖示完成縫製。

完成尺寸　直徑27cm

本體（1片）

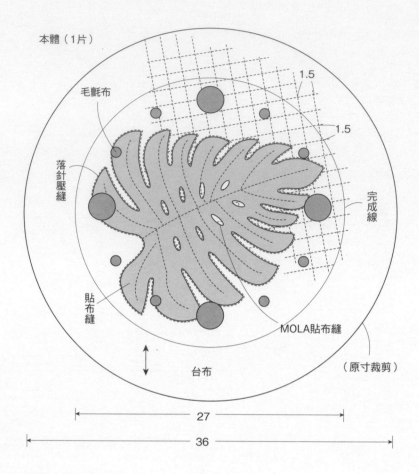

毛氈布
落針壓縫
貼布縫
完成線
MOLA貼布縫
台布
（原寸裁剪）

1.5
1.5

27
36

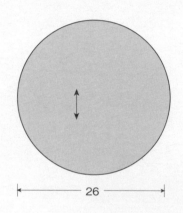

26

作法

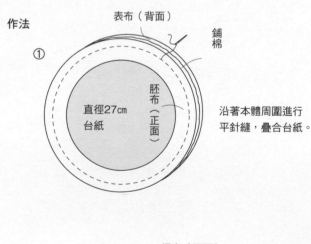

① 表布（背面）
鋪棉
胚布（正面）
直徑27cm
台紙

沿著本體周圍進行
平針縫，疊合台紙。

② 渡線

拉緊平針縫線，
渡線之後固定於縫份。

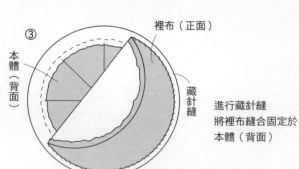

③ 裡布（正面）
本體（背面）
藏針縫

進行藏針縫
將裡布縫合固定於
本體（背面）

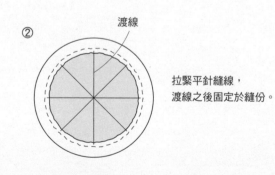

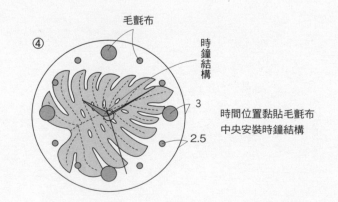

④ 毛氈布
時鐘結構
3
2.5

時間位置黏貼毛氈布
中央安裝時鐘結構

◆材料
黃色斑染布10×25cm　綠色斑染布20×35cm
台布45×80cm（包含滾邊部分）　鋪棉、胚布
各25×40cm　裡布25×90cm（包含口袋A至
C、加長布部分）　毛氈布20×10cm　長50cm蕾
絲拉鍊、長18cm拉鍊各個1條　喜愛的鈕釦1顆
直徑0.2cm　鬆緊帶40cm　寬2.5cm 幸運草造型毛
氈花片2片

◆作法順序
台布進行貼布縫，完成本體表布→疊合鋪棉、
胚布，進行壓線→製作口袋A～C，完成針插，
縫於裡布→依圖示完成縫製。

完成尺寸　21×16.5cm

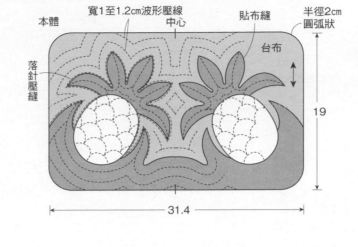

本體
寬1至1.2cm波形壓線　中心　　貼布縫　　半徑2cm圓弧狀
落針壓縫　　台布
19
31.4

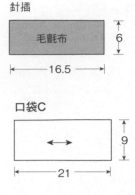

針插
毛氈布
6
16.5

口袋C

9
21

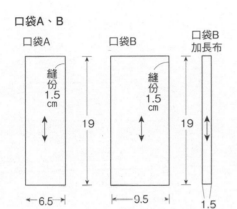

口袋A、B

口袋A
縫份1.5cm
19
6.5

口袋B
縫份1.5cm
19
9.5

口袋B加長布
19
1.5

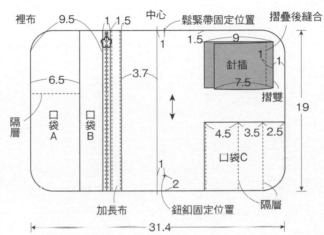

裡布　9.5　1 1.5　中心　鬆緊帶固定位置　摺疊後縫合
6.5　3.7　1.5　9
針插　1
隔層　口袋A　口袋B　7.5　摺雙
19
4.5　3.5　2.5
口袋C
1　2　隔層
加長布　鈕釦固定位置
31.4

（背面）
摺雙
正面相對對摺，
縫合上部，翻向正面。

①
口袋A（背面）
1
一側邊端摺成
三褶進行縫合

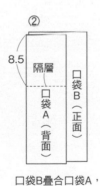

②
隔層　口袋A（背面）　口袋B（正面）
8.5
口袋B疊合口袋A，
縫合隔層。

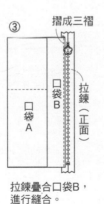

③
摺成三褶
口袋B　口袋A　拉鍊（正面）
拉鍊疊合口袋B，
進行縫合。

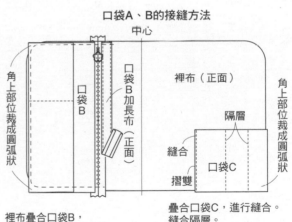

口袋A、B的接縫方法
中心
角上部位裁成圓弧狀
口袋B　口袋B加長布（正面）
裡布（正面）
角上部位裁成圓弧狀
縫合　隔層　口袋C　摺雙

裡布疊合口袋B，
周圍進行疏縫，拉鍊的
另一側邊端疊合加長布，
進行縫合。

疊合口袋C，進行縫合。
縫合隔層。

縫製方法

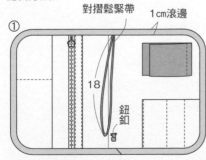

①
對摺鬆緊帶　1cm滾邊
18
鈕釦

背面相對疊合本體與裡布，
夾入對摺的鬆緊帶，進行周圍滾邊。
縫上鈕釦。

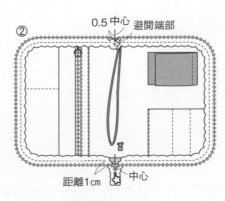

②
0.5 中心　避開端部

距離1cm　中心
內側周圍縫合固定拉鍊

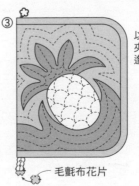

③
以2片毛氈布花片，
夾住拉鍊端部，
進行捲針縫。

毛氈布花片

◆材料

框飾 主題圖案用布2種各15×15cm 台布、白色烏干紗、鋪棉、胚布各25×20cm 內尺寸11.7×17cm 畫框 厚紙適量

置物盤 主題圖案用布、內側底布、烏干紗、鋪棉、胚布各20×20cm 外側、內側側面用布30×50cm 厚0.2cm 外側用厚紙25×25cm 厚0.1cm 內側用厚紙25×25cm 寬1cm 緞帶120cm

◆作法順序

框飾 進行陰影貼布縫與壓線（請參照P.18）→依圖示完成製作，放入畫框。

置物盤 進行陰影貼布縫與壓線，完成內底（請參照P.18）→各部位分別黏貼厚紙，依圖示完成製作。

完成尺寸 框飾 內尺寸11.7×17cm
　　　　　置物盤 16×16cm

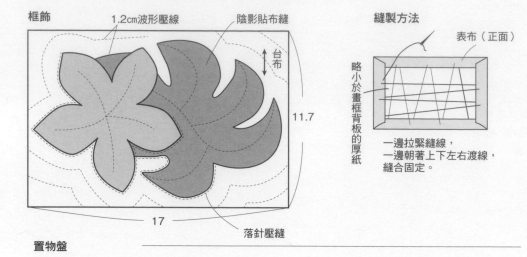

框飾　1.2cm波形壓線　陰影貼布縫　台布　11.7　17　落針壓縫

縫製方法　表布（正面）　略小於畫框背板的厚紙　一邊拉緊縫線，一邊朝著上下左右渡線，縫合固定。

置物盤

外側（原寸裁剪）

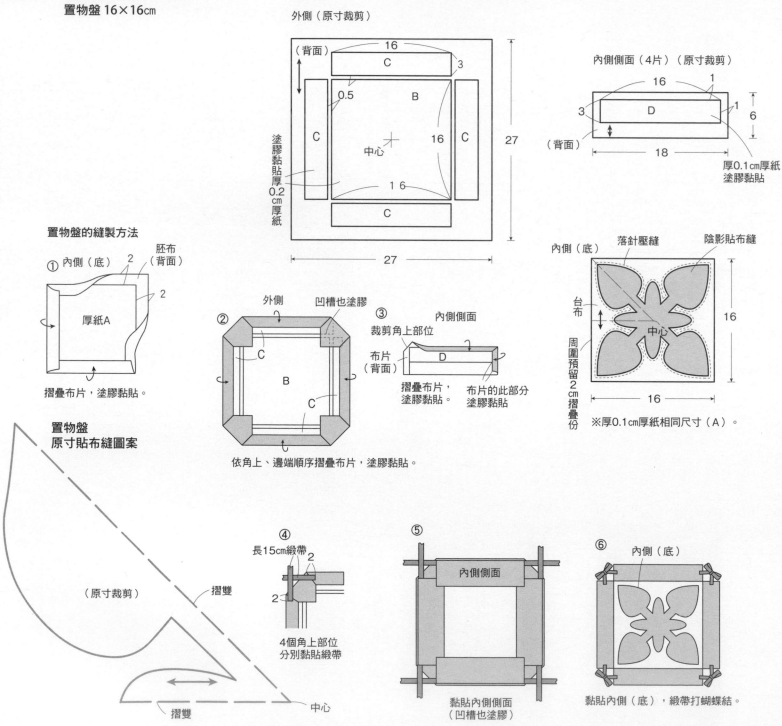

（背面）　C　3　0.5　B　C　16　C　中心　16　C　1 6　27　27　塗膠黏貼厚0.2cm厚紙

內側側面（4片）（原寸裁剪）　16　1　3　D　1　6　（背面）　18　厚0.1cm厚紙塗膠黏貼

置物盤的縫製方法

① 內側（底）　2　胚布（背面）　2　厚紙A　2　摺疊布片，塗膠黏貼。

置物盤
原寸貼布縫圖案

（原寸裁剪）　摺雙　摺雙　中心

② 外側　凹槽也塗膠　C　B　C　依角上、邊端順序摺疊布片，塗膠黏貼。

③ 內側側面　裁剪角上部位　布片（背面）　D　摺疊布片，塗膠黏貼。　布片的此部分塗膠黏貼

內側（底）　落針壓縫　陰影貼布縫　台布　中心　16　周圍預留2cm摺疊份　16　※厚0.1cm厚紙相同尺寸（A）。

④ 長15cm緞帶　2　2　4個角上部位分別黏貼緞帶

⑤ 內側側面　黏貼內側側面（凹槽也塗膠）

⑥ 內側（底）　黏貼內側（底），緞帶打蝴蝶結。

◆材料

框飾　表布用白色素布25×25cm 鋪棉15×15cm 白色燭心線適量 內尺寸15×15cm 畫框1個 厚紙15.5×15.5cm

束口袋　表布、裡布各25×30cm 白色燭心線適量

◆作法順序

框飾　表布進行燭心線刺繡→依圖示完成縫製，放入畫框。

束口袋　表布進行燭心線刺繡→正面相對疊合裡布，縫合周圍，依圖示完成縫製→製作束繩，穿入本體的穿繩處。

◆作法重點

○燭心線刺繡方法請參照P.24。

○進行三股編完成束口袋束繩，準備長一點，尾端微微打結，避免鬆開，穿入本體的穿繩處。

完成尺寸　框飾 內尺寸15×15cm
　　　　　束口袋 10.5×20cm

束口袋

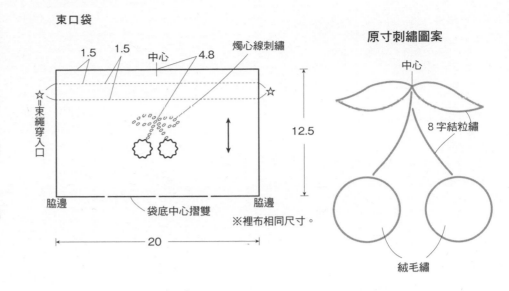

原寸刺繡圖案

中心

8字結粒繡

絨毛繡

※裡布相同尺寸。

縫製方法

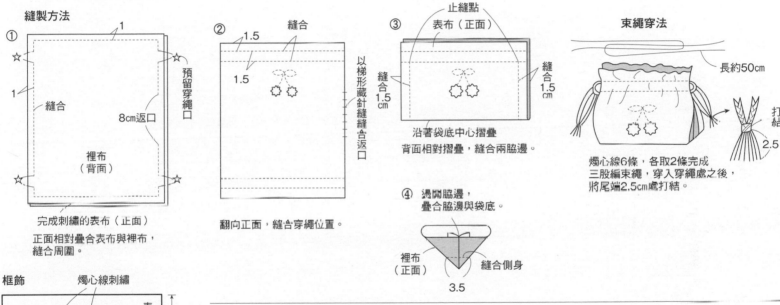

框飾

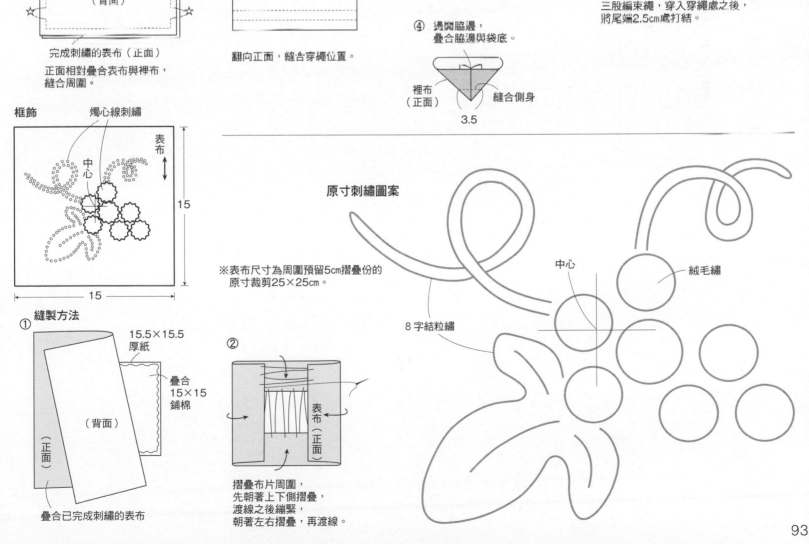

※表布尺寸為周圍預留5cm摺疊份的原寸裁剪25×25cm。

原寸刺繡圖案

中心

絨毛繡

8字結粒繡

◆材料
No.31 表布、單膠鋪棉、胚布各40×40cm 長30cm拉鍊1組
No.24 表布（薄紗）、單膠鋪棉、薄接著襯、斑染布各35×55cm 裡袋用布55×55cm（包含口袋部分） 直徑1.5cm 附圓球插式磁釦、長30cm 提把各1組 小布片5×5cm

◆作法順序
No.31 胚布黏貼鋪棉，正面相對疊合於表布，縫合上下側→翻向正面，進行車縫→依圖示完成縫製。
No.24 斑染布黏貼鋪棉，背面相對疊合於表布，黏貼接著襯，進行車縫→製作口袋→依圖示完成縫製。

完成尺寸　No.31 15×32cm
　　　　　No.24 21×30cm

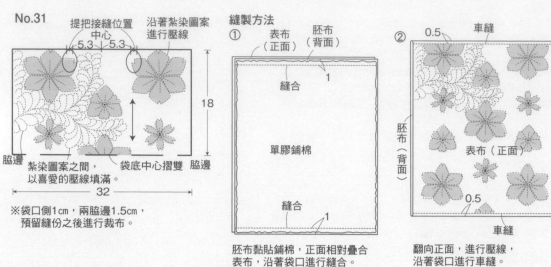

No.31

提把接縫位置
中心
5.3　5.3
沿著紮染圖案進行壓線
18
脇邊　脇邊
袋底中心摺雙
32
紮染圖案之間，以喜愛的壓線填滿。

※袋口側1cm，兩脇邊1.5cm，預留縫份之後進行裁布。

縫製方法
① 表布（正面）　胚布（背面）
縫合　1
單膠鋪棉
縫合　1
胚布黏貼鋪棉，正面相對疊合表布，沿著袋口進行縫合。

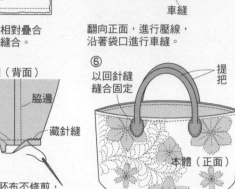

② 0.5　車縫
胚布（背面）
表布（正面）
0.5
車縫
翻向正面，進行壓線，沿著袋口進行車縫。

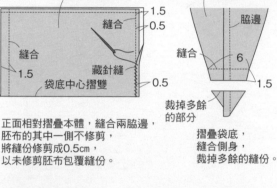

③ 本體（背面）
縫合　1.5　0.5
縫合　1.5
藏針縫
袋底中心摺雙　0.5
正面相對摺疊本體，縫合兩脇邊，胚布的其中一側不修剪，將縫份修剪成0.5cm，以未修剪胚布包覆縫份。

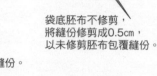

④ 本體（背面）
脇邊
縫合
6
1.5
裁掉多餘的部分
摺疊袋底，縫合側身，裁掉多餘的縫份。

⑤ 本體（背面）
脇邊
0.5
藏針縫
袋底胚布不修剪，將縫份修剪成0.5cm，以未修剪胚布包覆縫份。

⑥ 以回針縫縫合固定
提把
本體（正面）
翻向正面，縫合固定提把。

No.24

提把接縫位置
中心
5　5
1.5 ⊕
磁釦固定位置
沿著圖案進行壓線
26
脇邊　脇邊
袋底中心摺雙
30
※袋口側1cm，兩脇邊1.5cm，預留縫份之後進行裁布。
※裡袋相同尺寸。

內口袋
中心
（原寸裁剪）
25
摺雙
16

縫製方法
① 表布（正面）
斑染布（正面）
單膠鋪棉
斑染布黏貼鋪棉，疊合於表布背面，然後黏貼接著襯，進行壓線。

② 1　內口袋中心
內口袋（正面）
縫合
裡袋（正面）
本體（背面）
1　縫合
正面相對疊合本體與裡袋，之間夾入內口袋，縫合上下側。

③ 內口袋（正面）
裡袋（正面）
0.3
表布（正面）
車縫
0.3
事先朝著內側摺疊內口袋
翻向正面，沿著袋口進行車縫。

內口袋
① 縫合　縫合
（背面）
摺雙
1　1
正面相對摺疊，縫合兩脇邊。

② （正面）
縫合　1　0.2　縫合
車縫
10　14
翻向正面，沿著口袋口進行車縫，反摺10cm，縫合兩脇邊。

④ 縫合　1.5　0.5
內口袋（正面）
藏針縫
1.5　0.5
袋底中心摺雙
正面相對摺疊本體，縫合兩脇邊，裡袋的其中一側不修剪，將縫份修剪成0.5cm，以未修剪裡袋包覆縫份。

⑤ 本體（背面）
脇邊
縫合
10
1.5
裁掉多餘的部分
摺疊袋底，縫合側身，裁掉多餘的縫份。
（如同No.31作法處理縫份）

⑥ 小布片，進行平針縫，疊合於金屬配件
原寸裁剪直徑3cm
金屬配件
拉緊
提把
磁釦
磁釦的圓球
內口袋
縫合固定
本體（正面）
翻向正面接縫提把固定磁釦

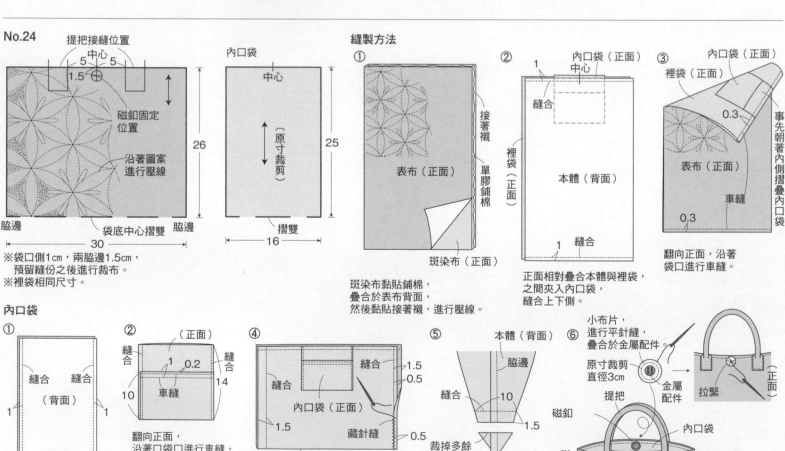

No.25・No.26 波奇包

◆材料
大 表布（薄紗）、單膠鋪棉、胚布各35×25cm 滾邊
用寬2.5cm 斜布條90cm 長25cm 拉鍊1條 直徑0.5cm
珍珠4顆
小 表布、單膠鋪棉、胚布各15×25cm 寬3cm 斜布條
60cm 長15cm 拉鍊1條 直徑0.5cm 珍珠2顆
◆作法順序
胚布黏貼鋪棉，背面相對疊合於表布，進行壓線→依
圖示完成縫製。

完成尺寸　大12×21cm　小9.5×14cm

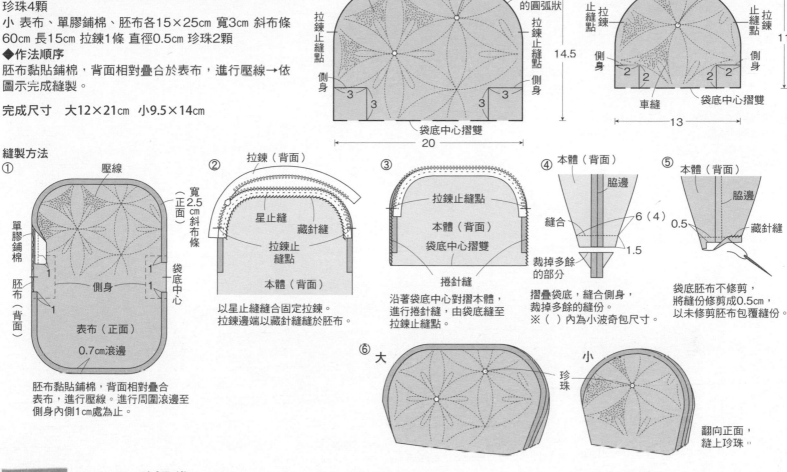

縫製方法

①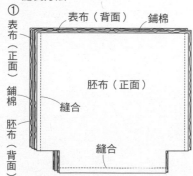

胚布黏貼鋪棉，背面相對疊合
表布，進行壓線。進行周圍滾邊至
側身內側1cm處為止。

② 以星止縫縫合固定拉鍊。
拉鍊邊端以藏針縫縫於胚布。

③ 沿著袋底中心對摺本體，
進行捲針縫，由袋底縫至
拉鍊止縫點。

④ 摺疊袋底，縫合側身，
裁掉多餘的縫份。
※（ ）內為小波奇包尺寸。

⑤ 袋底胚布不修剪，
將縫份修剪成0.5cm，
以未修剪胚布包覆縫份。

⑥ 大　小　珍珠　翻向正面，縫上珍珠。

No.8 手提袋 ●紙型B面⑩（原寸貼布縫圖案）

◆材料
電信蘭圖案用布60×35cm 雞蛋花圖案用布
30×15cm 台布、鋪棉、胚布各75×40cm
裡袋用布35×65cm 長30cm 提把1組
◆作法順序
台布進行貼布縫，完成前片與後片的表布→
疊合鋪棉、胚布，進行壓線→製作裡袋→依
圖示完成縫製。
◆作法重點
○袋口側預留縫份5cm，反摺處理得更加牢
　固。

完成尺寸　25×32cm

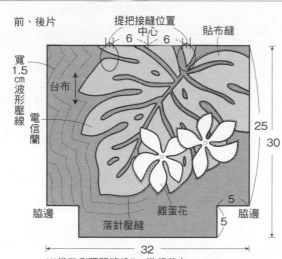

※袋口側預留縫份5cm進行裁布。

縫製方法

① 完成壓線的前片與後片，正面相對疊合，
縫合兩脇邊與袋底。
※正面相對，沿著袋底中心摺疊
裡袋，縫合兩脇邊。

② 摺疊袋底，縫合側身。
※裡袋也以相同作法
完成縫製。

③ 本體翻向正面，
朝著背面摺疊袋口縫份，
進行藏針縫，
縫合固定提把。

④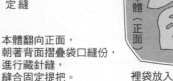
裡袋放入本體內側，
沿著袋口進行藏針縫。

◆材料

各式貼布縫用布片 前、後片用布、鋪棉、胚布各20×40cm 側身表布、提把用布75×75cm 裡布30×95cm（包含側身裡布、內口袋、包釦部分）厚接著襯35×25cm domett鋪棉25×25cm 直徑2.4cm 包釦心4顆 直徑1.2cm 木珠4顆 25號綠色繡線適量

◆作法順序

進行貼布縫與刺繡，完成前片表布→疊合鋪棉、胚布，進行壓線→後片也以相同作法進行壓線→製作側身→製作提把→依圖示完成縫製。

◆作法重點

○接著襯為原寸裁剪。

完成尺寸 19×21cm

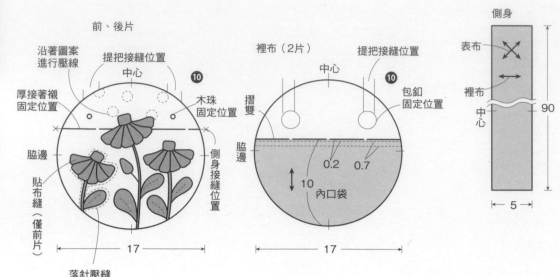

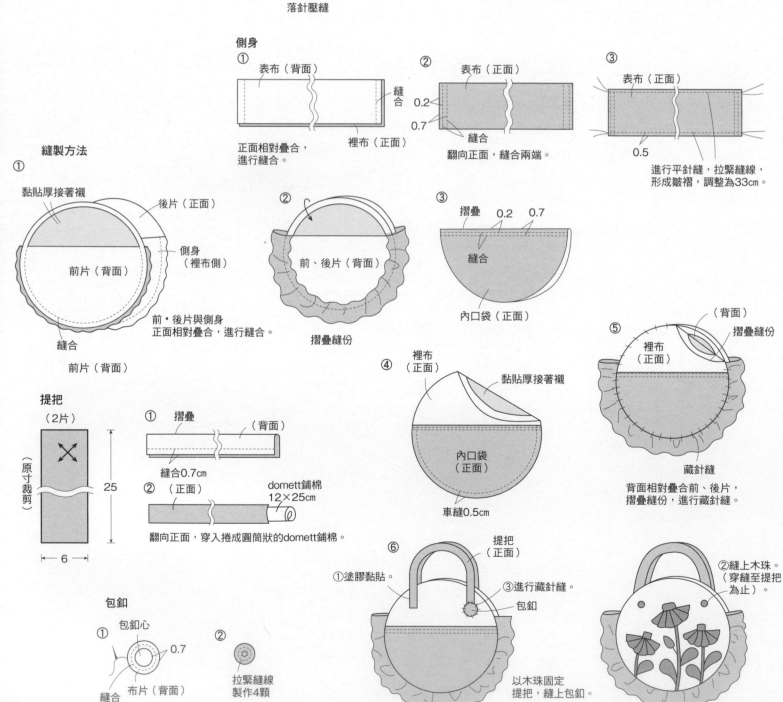

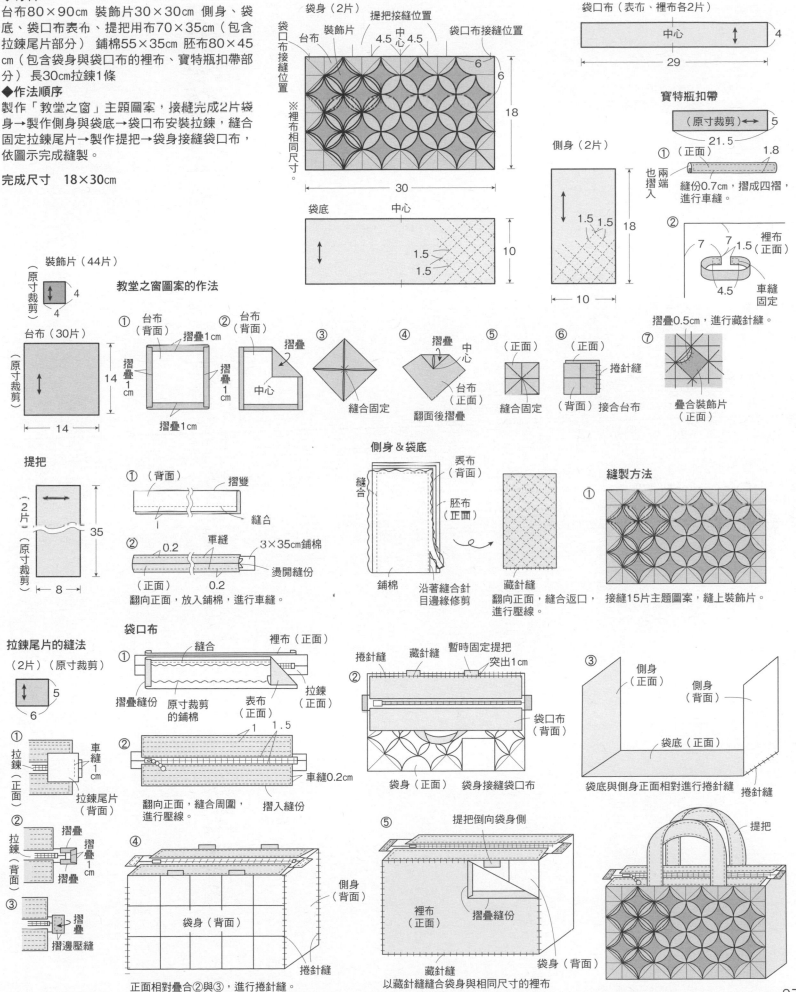

◆材料
台布80×90cm 裝飾片30×30cm 側身、袋底、袋口布表布、提把用布70×35cm（包含拉鍊尾片部分）鋪棉55×35cm 胚布80×45cm（包含袋身與袋口布的裡布、寶特瓶扣帶部分）長30cm拉鍊1條

◆作法順序
製作「教堂之窗」主題圖案，接縫完成2片袋身→製作側身與袋底→袋口布安裝拉鍊，縫合固定拉鍊尾片→製作提把→袋身接縫袋口布，依圖示完成縫製。

完成尺寸　18×30cm

袋身（2片）
提把接縫位置
袋口布接縫位置
台布　裝飾片
4.5 中心 4.5
袋口布接縫位置
※裡布相同尺寸。
6
18
30

袋口布（表布、裡布各2片）
中心
4
29

側身（2片）
1.5 1.5
18
10

袋底　中心
1.5
1.5
10

寶特瓶扣帶
（原寸裁剪）
5
21.5
① 也兩端摺入
1.8
縫份0.7cm，摺成四褶，進行車縫。
② 裡布（正面）
7 7 1.5
4.5
車縫固定

裝飾片（44片）
（原寸裁剪）
4
4

教堂之窗圖案的作法

台布（30片）
（原寸裁剪）
14
14

① 台布（背面）摺疊1cm
摺疊1cm 摺疊1cm 中心
摺疊1cm
② 台布（背面）摺疊 中心
③ 縫合固定
④ 摺疊 中心 台布（正面）翻面後摺疊
⑤（正面）縫合固定
⑥（正面）（背面）接合台布 捲針縫
⑦ 疊合裝飾片（正面）
摺疊0.5cm，進行藏針縫。

提把
2片
（原寸裁剪）
35
8

① （背面）摺雙 縫合
② 0.2 車縫 3×35cm鋪棉 燙開縫份（正面）0.2
翻向正面，放入鋪棉，進行車縫。

側身&袋底
表布（背面）
縫合
胚布（正面）
鋪棉
沿著縫合針目邊緣修剪
藏針縫
翻向正面，縫合返口，進行壓線。

縫製方法
①
接縫15片主題圖案，縫上裝飾片。

拉鍊尾片的縫法
（2片）（原寸裁剪）
5
6

① 縫合 裡布（正面）摺疊縫份 原寸裁剪的鋪棉 表布（正面）拉鍊（正面）
② 1 1.5 車縫0.2
翻向正面，縫合周圍，進行壓線。摺入縫份

① 拉鍊（正面）車縫1cm 拉鍊尾片（背面）
② 拉鍊（背面）摺疊 摺疊1cm 摺疊
③ 摺疊 摺邊壓縫

② 捲針縫 藏針縫 暫時固定提把 突出1cm
袋口布（背面）
袋身（正面）袋身接縫袋口布

③ 側身（正面）側身（背面）袋底（正面）
袋底與側身正面相對進行捲針縫 捲針縫

④ 袋身（背面）側身（背面）
正面相對疊合②與③，進行捲針縫。捲針縫

⑤ 提把倒向袋身側 裡布（正面）摺疊縫份
藏針縫 袋身（背面）
以藏針縫縫合袋身與相同尺寸的裡布

提把

◆材料
粉紅斑染布70×35㎝（包含滾邊部分）
水藍色斑染布50×35㎝　水藍色素布
20×20㎝　台布、裡袋用布各45×90㎝
鋪棉、胚布各85×50㎝　長48㎝ 提把1組

◆作法順序
台布進行貼布縫，完成前片與後片的表布
→疊合鋪棉、胚布，進行壓線→製作裡袋
→依圖示完成縫製。

完成尺寸　37×38㎝

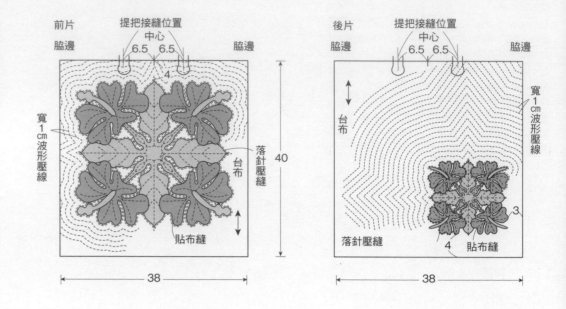

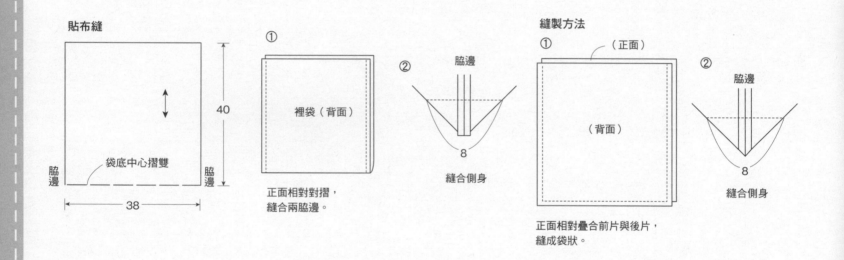

貼布縫

① 裡袋（背面）
正面相對對摺，
縫合兩脇邊。

② 脇邊
8
縫合側身

縫製方法

① （正面）（背面）
正面相對疊合前片與後片，
縫成袋狀。

② 脇邊
8
縫合側身

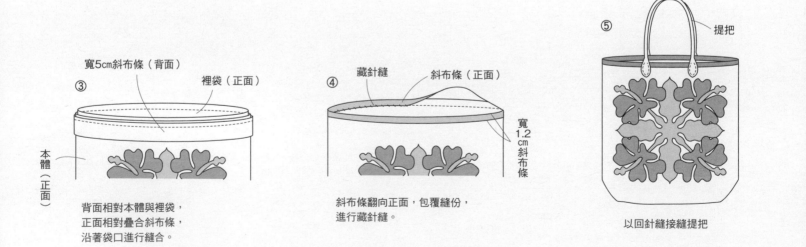

③ 寬5㎝斜布條（背面）
裡袋（正面）
本體（正面）
背面相對本體與裡袋，
正面相對疊合斜布條，
沿著袋口進行縫合。

④ 藏針縫　斜布條（正面）
寬1.2㎝斜布條
斜布條翻向正面，包覆縫份，
進行藏針縫。

⑤ 提把
以回針縫接縫提把

◆材料

手提袋 各式拼接用布片 A用布65×50cm C、D用布40×30cm 滾邊用寬4cm 斜布條80cm 裡袋用布、鋪棉、胚布各45×80cm 長42cm 提把1組

波奇包 各式拼接用布片 F用布25×20cm 鋪棉、胚布各25×35cm 長18cm拉鍊1條

◆作法順序

手提袋 拼接A、B布片，完成48片拼片，接縫成4×6列，完成2片圖案→按縫C、D布片，完成表布→疊合鋪棉、胚布，進行壓線→依圖示完成縫製。

波奇包 拼接E布片，接縫F布片，完成表布→疊合鋪棉、胚布，進行壓線→依圖示完成縫製。

完成尺寸　手提袋 31×36cm
　　　　　波奇包 12.5×20cm

手提袋

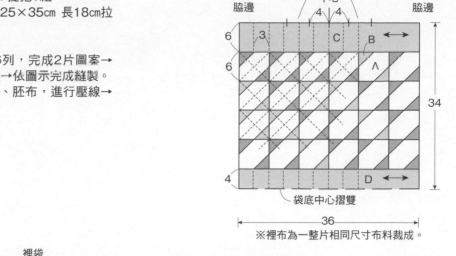

※裡布為一整片相同尺寸布料裁成。

縫製方法

①

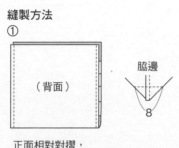

正面相對對摺，
縫合兩脇邊，縫合側身，
裡袋也以相同作法縫合。

②

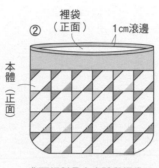

背面相對疊合本體與裡袋，
進行袋口滾邊。

③

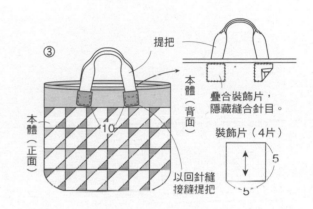

疊合裝飾片，
隱藏縫合針目。

裝飾片（4片）

以回針縫
接縫提把

波奇包

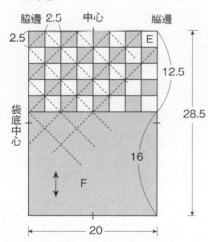

縫製方法

①

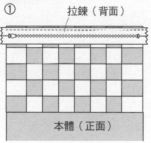

本體正面相對疊合拉鍊，
進行縫合。
另一側也以相同作法縫合固定。

原寸紙型

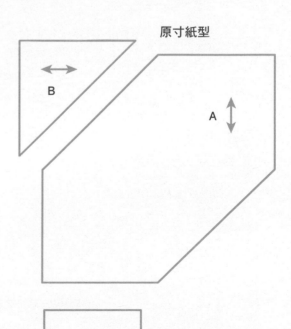

②

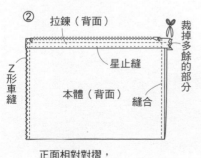

正面相對對摺，
縫合兩脇邊，
縫份進行Z形車縫。

③

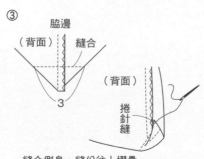

縫合側身，縫份往上摺疊，
進行捲針縫。

◆材料

各式拼接、提把、包釦用布片A、J用布
35×10cm I用布15×15cm 雙面接著鋪棉、
胚布各55×20cm 長40cm 拉鍊1條 直徑1.5
cm 包釦心4顆

◆作法順序

拼接A至D、B與E至H'、I與J布片，完成袋
蓋、袋底、本體、側身的表布→完成各部位
→製作提把→製作包釦→依圖示完成縫製。

◆作法重點

○沿著縫合針目邊緣修剪鋪棉。

完成尺寸　高5cm 寬14.5cm

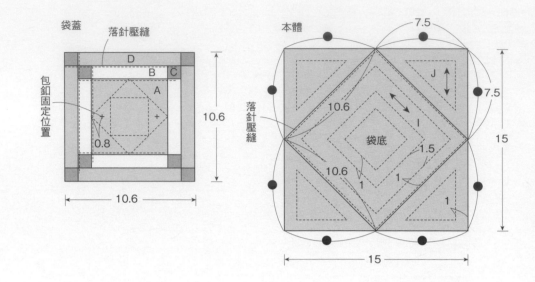

各部位作法（側身、本體相同）

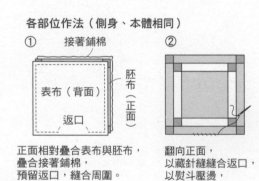

① 接著鋪棉
表布（背面）
胚布（正面）
返口

正面相對疊合表布與胚布，
疊合接著鋪棉，
預留返口，縫合周圍。

② 翻向正面，
以藏針縫縫合返口，
以熨斗壓燙，
進行壓線。

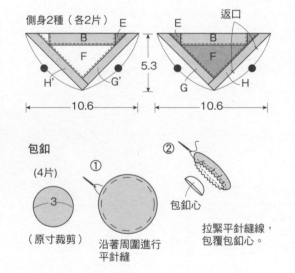

側身2種（各2片）

包釦
（4片）
（原寸裁剪）

① 沿著周圍進行平針縫

② 拉緊平針縫線，包覆包釦心。
包釦心

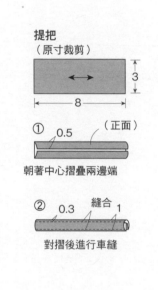

提把
（原寸裁剪）
3
8

① 0.5 （正面）
朝著中心摺疊兩邊端

② 0.3 縫合 1
對摺後進行車縫

縫製方法

① 側身
挑縫表布胚布進行梯形藏針縫
挑縫表布胚布進行捲針縫之後，

1片側身以藏針縫縫於袋蓋

② 側身（正面）　本體（背面）
對齊記號，如同步驟①作法，
縫合本體與3片側身。
梯形藏針縫

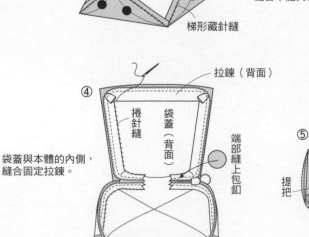

③ 袋蓋（正面）
本體

將袋蓋嵌入本體，如同
步驟①作法，進行縫合。

④ 拉鍊（背面）
捲針縫　袋蓋（背面）
端部縫上包釦

袋蓋與本體的內側，
縫合固定拉鍊。
（正面）

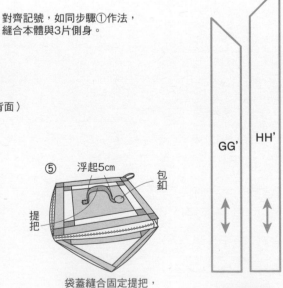

⑤ 浮起5cm
包釦
提把

袋蓋縫合固定提把，
兩端以藏針縫縫上包釦。

GG'　HH'
原寸紙型

◆材料
各式拼接用布片 白色素布110×280cm K、O用布45×190cm M用布25×180cm 鋪棉、胚布各90×440cm
滾邊用寬3.5cm 斜布條750cm 棉花適量
◆作法順序
拼接布片，完成18片[ㄅ]圖案、17片[ㄆ]圖案，接縫成5×7列→周圍接縫J至O布片之後，接縫邊飾布片，彙
整成表布→疊合鋪棉、胚布，進行壓線→進行周圍滾邊（請參照P.82）。

完成尺寸 209.5×161.5cm

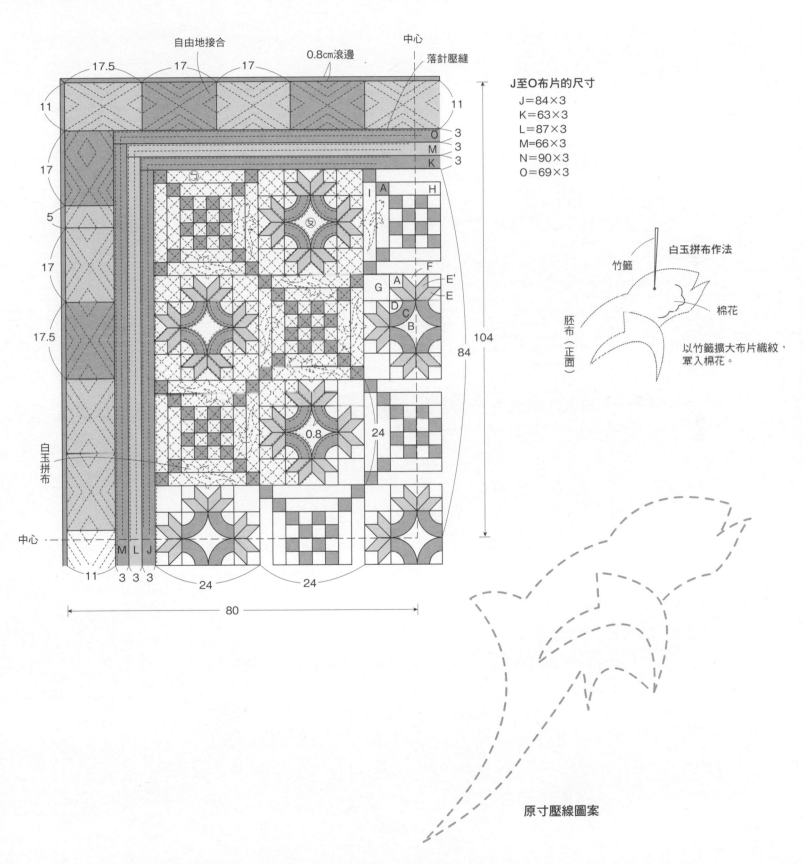

J至O布片的尺寸
J＝84×3
K＝63×3
L＝87×3
M＝66×3
N＝90×3
O＝69×3

白玉拼布作法
竹籤
棉花
胚布（正面）
以竹籤擴大布片織紋，罩入棉花。

原寸壓線圖案

◆材料
花朵A、B用布4種各30×30cm 花朵C用布（包含花苞A部分）25×40cm
葉片用布40×50cm 花苞B用布10×10cm 花萼用布20×30cm 薄接著襯
60×90cm 直徑0.15cm花蕊用繩帶60cm #28鐵線200cm 花莖、蔓藤用人
五紐（JINGO）※繩帶330cm #24鐵線200cm 直徑30cm 圈1個 棉花、
雙面膠帶、熱溶膠各適量
※人五紐（JINGO）：直徑約0.1cm的人造絲繩帶。

◆作法順序
製作花朵、葉片、花苞→製作蔓藤→完成各部位依序固定於花圈上。

◆作法重點
○花朵、葉片、花苞分別黏貼接著襯。
○花朵的各部位皆由記號縫至記號。

完成尺寸　幅寬約30cm

花朵
① 縫合
花朵A（正面）
花朵C（背面）
縫合☆記號處

② 分別接縫5片花朵A與C

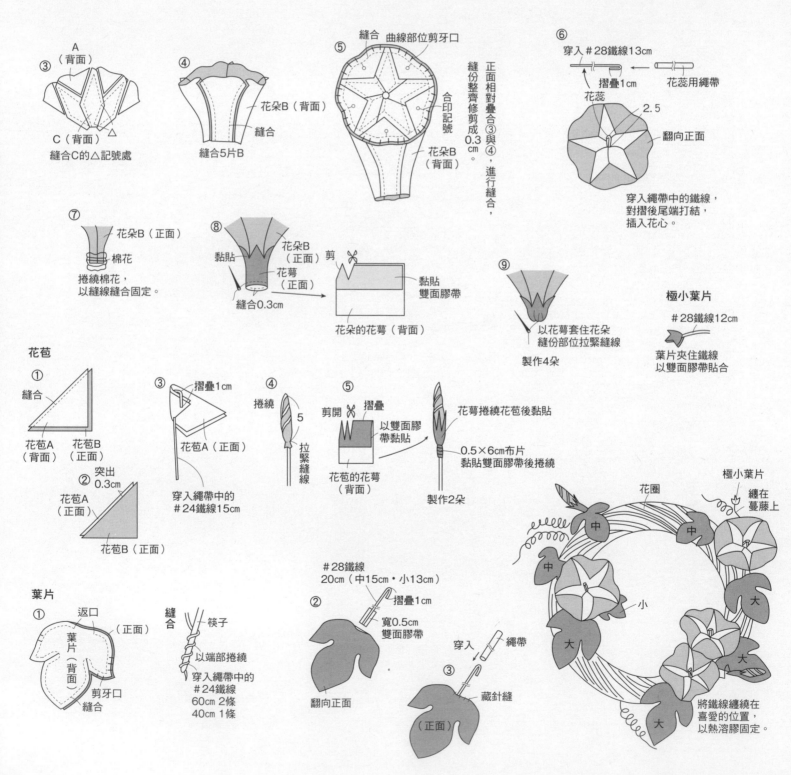

102

◆材料
花圖案印花布110×60cm（包含荷葉邊部分） 淺紫色印花布80×35cm（包含後片部分） 鋪棉、胚布各35×35cm 長26cm 拉鍊1條

◆作法順序
拼接A與B布片，完成36片拼片，接縫成6×6列構成圖案，完成前片表布→疊合鋪棉與胚布，進行壓線→製作後片與荷葉邊→依圖示完成縫製。

◆作法重點
○正面相對疊合前片與後片，縫合周圍時，事先打開拉鍊。

完成尺寸　30×30cm

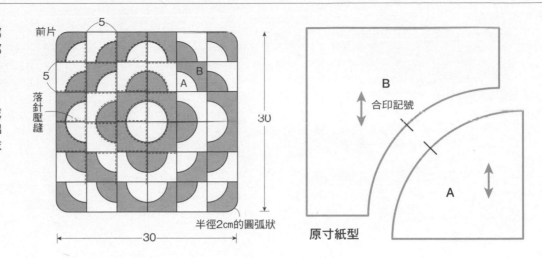

原寸紙型

前片
落針壓縫
半徑2cm的圓弧狀

荷葉邊作法

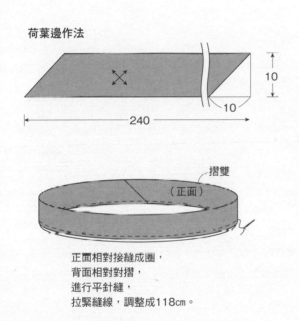

正面相對接縫成圈，
背面相對對摺，
進行平針縫，
拉緊縫線，調整成118cm。

後片

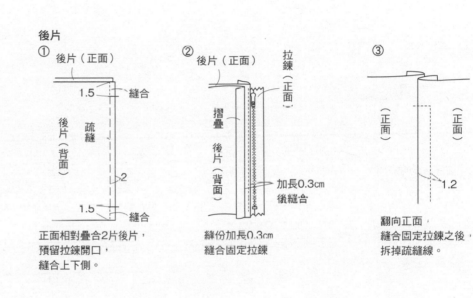

① 正面相對疊合2片後片，
預留拉鍊開口，
縫合上下側。

② 縫份加長0.3cm
縫合固定拉鍊

③ 翻向正面
縫合固定拉鍊之後，
拆掉疏縫線。

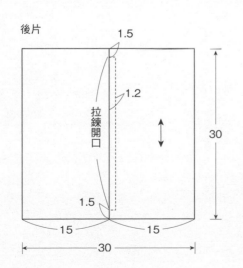

後片

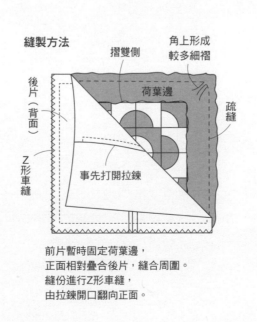

縫製方法

前片暫時固定荷葉邊，
正面相對疊合後片，縫合周圍。
縫份進行Z形車縫，
由拉鍊開口翻向正面。

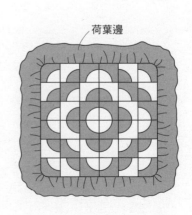

荷葉邊

No.32 迎賓座墊 ●紙型A面⑬（F布片原寸壓線圖案）

◆材料
AA'用布2種各40×25cm B用布55×20cm
C用布25×25cm D用布20×20cm E用布
45×60cm（包含F布片部分） G用布
60×15cm H用布 60×55cm 鋪棉、胚布
各65×60cm 長50cm 拉鍊1條

◆作法順序
拼接A至F布片，完成前片表布→疊合鋪棉
與胚布，進行壓線→製作後片→依圖示完
成縫製。
※AA'、B、D布片的原寸紙型請參照
P.111。

完成尺寸　59×55cm

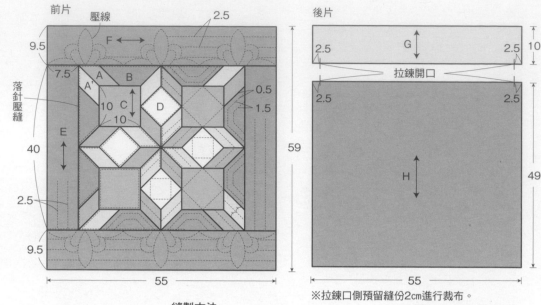

※拉鍊口側預留縫份2cm進行裁布。

後片

① 縫合 2
拉鍊開口
G（背面）
H（正面）

正面相對疊合G與H布片，
預留拉鍊開口，進行縫合。

② G（背面）
縫合 拉鍊（背面）
H（背面）

翻向背面，燙開縫份，
拉鍊縫合固定於指定位置。

縫製方法

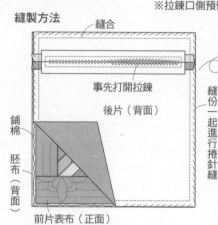

縫合
事先打開拉鍊
後片（背面）
鋪棉
胚布（背面）
前片表布（正面）
縫份一起進行捲針縫

翻向正面
前片進行壓線，
正面相對疊合後片，縫合周圍。
縫份一起進行捲針縫，翻向正面。

No.38 抱枕

◆材料
各式拼接用布片 G用布45×25cm HH'用布
45×35cm 後片用布、鋪棉、胚布各50×50cm
滾邊用寬4cm斜布條190cm 長45cm 拉鍊1條

◆作法順序
拼接A至H'，完成前片表布→疊合鋪棉與胚
布，進行壓線→製作後片→依圖示完成縫製。
※G至H'布片的原寸紙型請參照P.111。

完成尺寸　45×45cm

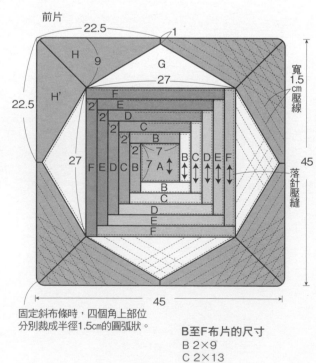

固定斜布條時，四個角上部位
分別裁成半徑1.5cm的圓弧狀。

B至F布片的尺寸
B 2×9
C 2×13
D 2×17
E 2×21
F 2×25

縫製方法

① 胚布（背面）　前片表布（正面）　鋪棉
縫合
後片（背面）
事先打開拉鍊

完成壓線的前片，背面相對
疊合後片，進行縫合。

②
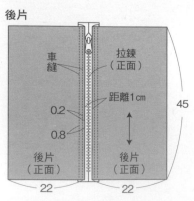

1cm滾邊

角上部位裁成圓弧狀，進行縫份滾邊。

後片

車縫
拉鍊（正面）
距離1cm
0.2
0.8
後片（正面）　後片（正面）
22　22
45

朝著背面摺疊拉鍊開口的縫份，
縫合固定拉鍊。

◆材料
貼布縫用藍染布70×35cm　袋身A用深藍色素布
35×80cm（包含袋底部分）　袋身B用藍染布
35×70cm　單膠鋪棉、胚布各80×70cm　長40cm
提把1組　25號深藍色、藍色段染繡線、薄接著襯
各適量

◆作法順序
袋身用布進行貼布縫與刺繡，完成表布→依圖示完
成縫製→以回針縫接縫提把。

完成尺寸　28×31cm

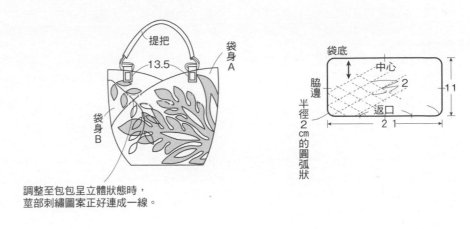

調整至包包呈立體狀態時，
莖部刺繡圖案正好連成一線。

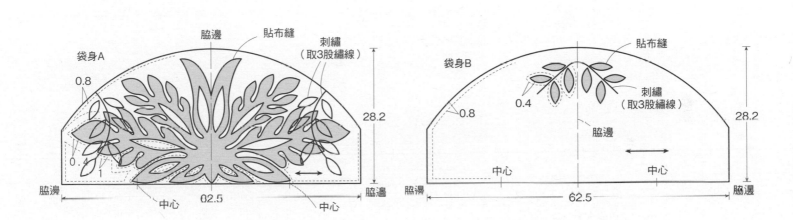

貼布縫

①
貼布縫用布（背面）
接著襯
縫份較少部位
剪牙口
0.5
袋身A

接著襯描繪貼布縫圖案之後原寸裁剪，
黏貼於貼布縫用布。
預留縫份0.5cm，沿著接著襯邊緣，
修剪貼布縫用布。

②
一邊摺入縫份
一邊進行藏針縫
袋身用布（正面）
貼布縫用布

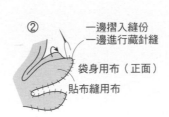

縫製方法

①
胚布（正面）
表布（背面）
12cm返口
下方邊上鋪棉
（沿著縫合針目邊緣修剪鋪棉）

正面相對疊合表布與胚布，
疊合鋪棉，預留返口，縫合周圍。

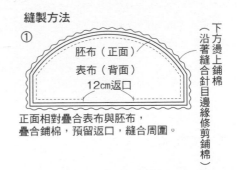

②
正面相對疊合表布，
進行捲針縫。
袋身A（背面）
約1cm
袋身B（背面）
重疊約1cm
進行藏針縫

翻向正面，以藏針縫縫合返口，
以熨斗壓燙鋪棉促使黏合，
進行壓線與刺繡。
※袋底也以相同作法進行壓線。

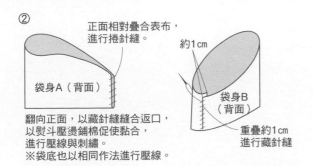

③
袋身A（背面）
袋身B（背面）
袋底（背面）

袋身A放入袋身B，
沿著中心進行星止縫，
避免縫合針目出現於正面側。

正面相對疊合袋身與袋底，
表布進行捲針縫，
胚布也進行藏針縫。

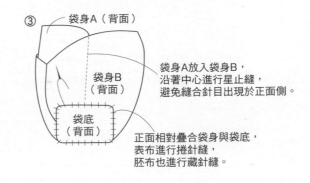

◆材料
手提袋 各式拼接用藍染布 鋪棉、胚布各60×40cm 長40cm拉鍊1條 長30cm 提把1組
波奇包 各式拼接用藍染布 鋪棉、胚布各40×30cm 長30cm拉鍊1條 直徑2cm 包釦心4顆
◆作法順序（相同）
拼接A至C（波奇包a至c）布片，完成表布→依圖示完成縫製→手提袋接縫提把，波奇包處理拉鍊端部。

完成尺寸　手提袋 18×34cm
　　　　　波奇包 11×21cm

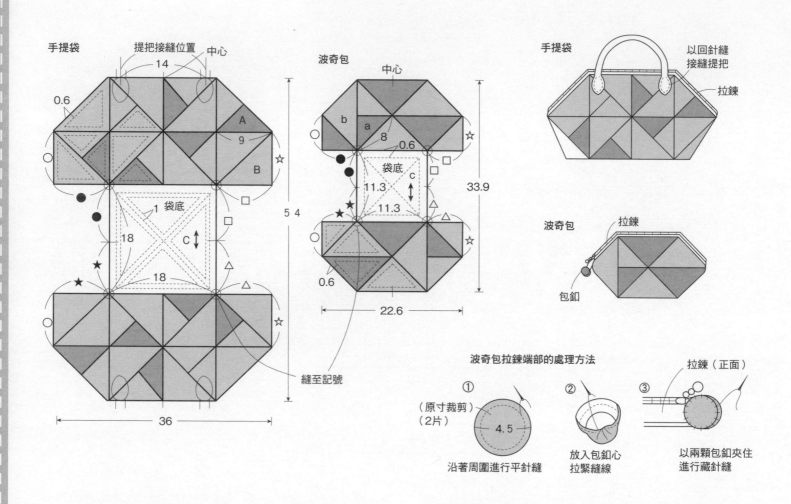

波奇包拉鍊端部的處理方法

① （原寸裁剪）（2片）4.5
沿著周圍進行平針縫

② 放入包釦心拉緊縫線

③ 拉鍊（正面）
以兩顆包釦夾住進行藏針縫

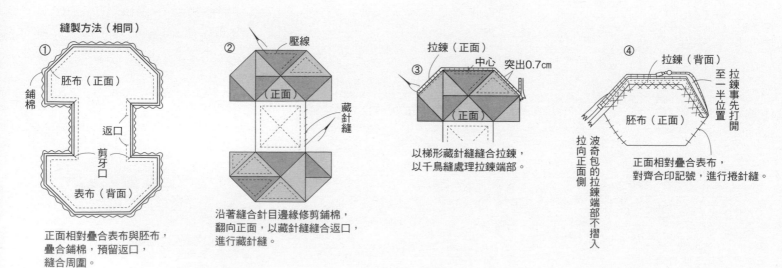

縫製方法（相同）

① 胚布（正面）
鋪棉
返口
剪牙口
表布（背面）
正面相對疊合表布與胚布，疊合鋪棉，預留返口，縫合周圍。

② 壓線
正面
藏針縫
沿著縫合針目邊緣修剪鋪棉，翻向正面，以藏針縫縫合返口，進行藏針縫。

③ 拉鍊（正面）中心 突出0.7cm
正面
以梯形藏針縫縫合拉鍊，以千鳥縫處理拉鍊端部。

④ 拉鍊（背面）
拉鍊事先打開至一半位置
胚布（正面）
拉向正面側
波奇包的拉鍊端部不摺入
正面相對疊合表布，對齊合印記號，進行捲針縫。

◆材料
各式拼接用布片　表布的L用布2種
各40×40cm 滾邊用寬3.5cm 斜布條
410cm 直徑0.15cm 切割珠74顆

◆作法順序
拼接A至K'布片，完成16片「樹木」
圖案→接縫「樹木」圖案與L布片，
完成表布→如同表布配置方式，拼接
24片L布片，完成裡布→背面相對疊
合表布與裡布，以切割珠縫合固定圖
案的角上部位→進行周圍滾邊（請參
照P.82）。

完成尺寸　92 × 92cm

圖案配置圖（椅墊相同）

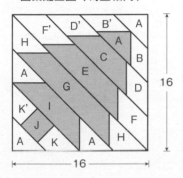

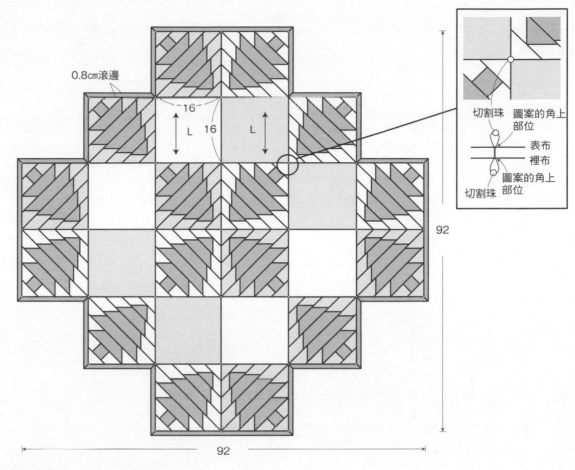

◆材料
拼接用藍色印花布55×25cm 水藍色印花
布55×35cm L用布3種25×25cm 後片用
布、單膠鋪棉各50×50cm 內墊用毛巾被
（廢物利用）

◆作法順序
拼接A至K'布片，完成4片「樹木」圖案→
接縫「樹木」圖案與L布片，完成前片表布
→黏貼鋪棉，進行壓線，完成前片→依圖
示完成縫製。

完成尺寸　45×45cm

圖案接縫順序

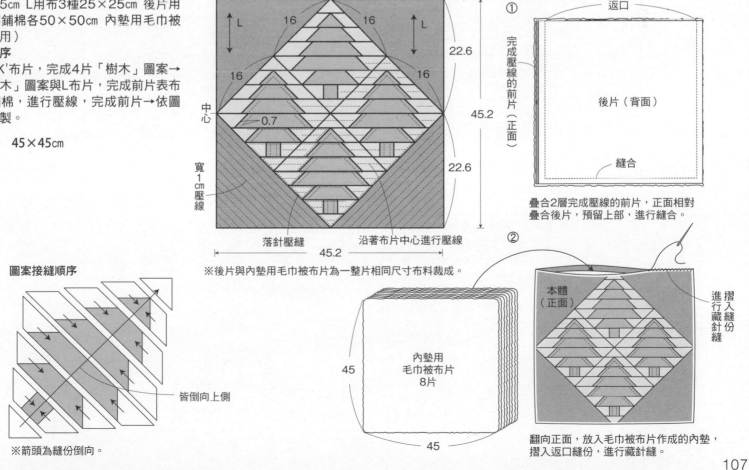

皆倒向上側

※箭頭為縫份倒向。

◆材料
各式貼布縫、主題圖案用布片 表布、裡布各110×95cm
接著襯適量
◆作法順序
縫合表布與裡布→製作主題圖案→依圖示完成縫製。
◆作法重點
○利用本體用布的顏色、圖案完成貼布縫圖案即可。
○參照配置圖，將貼布縫與主題圖案縫於喜愛位置。
○配合主題圖案，組合喜愛的掛繩，以藏針縫縫於本體。

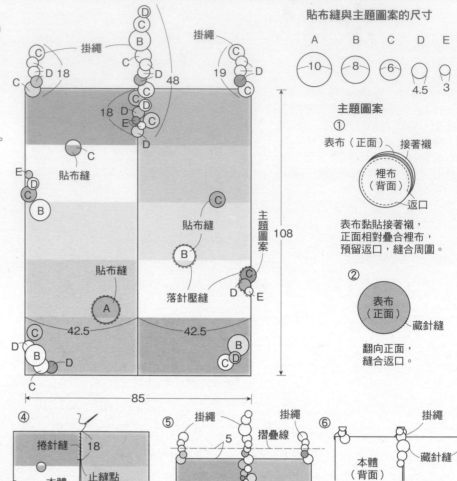

貼布縫與主題圖案的尺寸

A	B	C	D	E
10	8	6	4.5	3

主題圖案
①
表布（正面） 接著襯
裡布（背面）
返口

表布黏貼接著襯，
正面相對疊合裡布，
預留返口，縫合周圍。

②
表布（正面）
藏針縫

翻向正面，
縫合返口。

縫製方法

① 表布（正面）
20cm返口
裡布（背面）

② 車縫 0.1cm

正面相對疊合
表布與裡布，
預留返口，
縫合周圍。

翻向正面，調整返口，
沿著周圍進行車縫。

③

落針壓縫
貼布縫
主題圖案

進行貼布縫，
以藏針縫縫合固定
主題圖案。

④
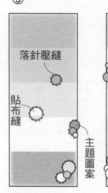
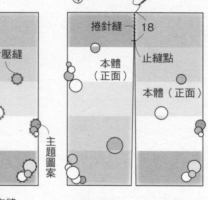
捲針縫 18
本體（正面）
止縫點
本體（正面）

併攏本體，
沿著中央進行捲針縫至止縫點。

⑤ 掛繩 摺疊線
5
本體（正面）

以藏針縫縫上
掛繩部分的主題圖案。

⑥ 掛繩
藏針縫
本體（背面）

沿著摺疊線，朝著背面側，
摺疊掛繩，進行藏針縫，
沿著主題圖案周圍，
由正面側進行縫合。

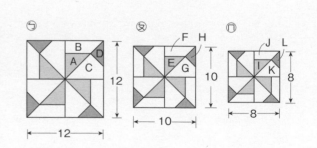
（正面）

原寸紙型

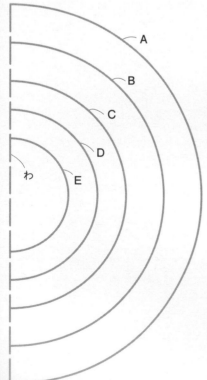
A
B
C
D
E
わ

●紙型A面❼（a至e布片原寸紙型＆刺繡圖案）

◆材料
各式拼接用布片 M、N用布40×65cm 鋪棉、胚
布各70×60cm 滾邊用寬3cm 斜布條240cm 寬
0.5cm 波形織帶35cm 寬0.8cm 波形織帶210cm
25號繡線適量
◆作法順序
圖案㋑ 5片、㋺ 3片、㋩ 6片，分別完成製作，
接縫a至g→周圍接縫M、N布片，完成表布→疊
合鋪棉、胚布，進行壓線→以星止縫縫合固定織
帶→進行周圍滾邊（請參照P.82）。
◆作法重點
○A至D布片的原寸紙型請參照P.61。

完成尺寸　59×55cm

㋑
B D
A C
12
12

㋺
F H
E G
10
10

㋩
J L
I K
8
8

◆材料

各式拼接用布片 側身用布75×20㎝ J至M用布60×35㎝ 鋪棉、胚布各100×80㎝ 滾邊用寬4cm斜布條370㎝ 木架1個

◆作法順序

拼接A至H布片，完成2片圖案，周圍接縫I與J布片→上下接縫K、L（或者M）布片，完成前片與後片表布→疊合鋪棉、胚布，進行壓線→側身也以相同作法進行壓線→進行滾邊→依圖示完成縫製。

◆作法重點

○以捲針縫縫合前片與後片的底部前，先套入木架。

完成尺寸 34.5×30×18cm

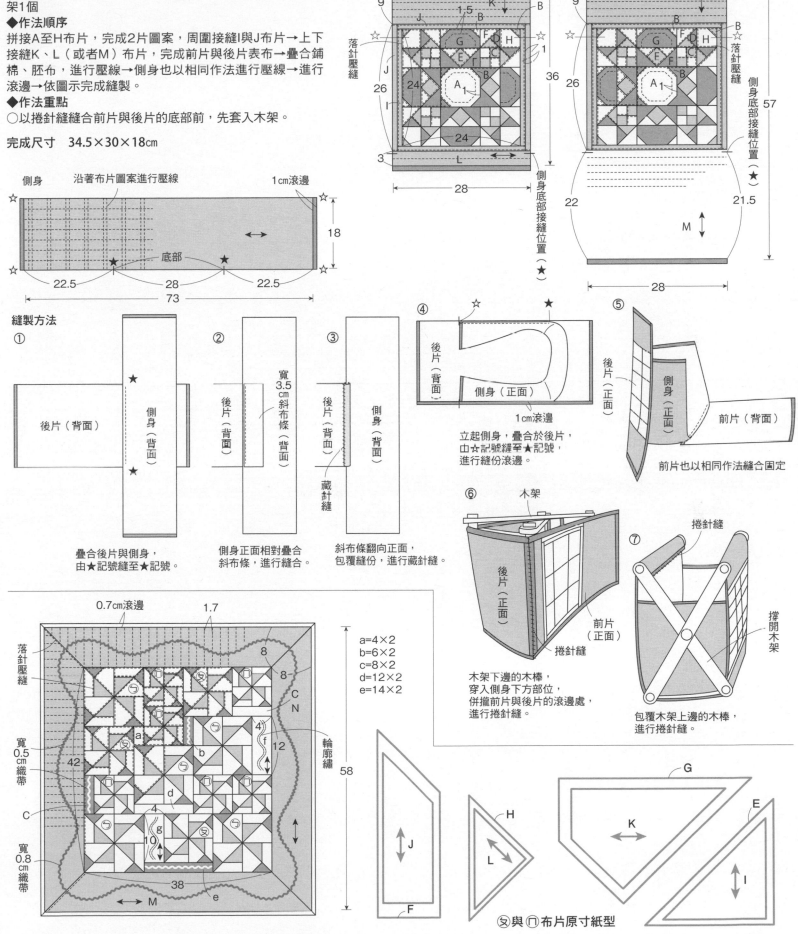

縫製方法

① 疊合後片與側身，由★記號縫至★記號。

② 側身正面相對疊合斜布條，進行縫合。

③ 斜布條翻向正面，包覆縫份，進行藏針縫。

④ 立起側身，疊合於後片，由☆記號縫至★記號，進行縫份滾邊。

⑤ 前片也以相同作法縫合固定

⑥ 木架下邊的木棒，穿入側身下方部位，併攏前片與後片的滾邊處，進行捲針縫。

⑦ 包覆木架上邊的木棒，進行捲針縫。

a=4×2
b=6×2
c=8×2
d=12×2
e=14×2

☒與☐布片原寸紙型

◆材料

No.52 貼布縫用原色素布55×45cm（包含A與B布片、釦絆、滾邊部分） 各式先染布 盒蓋表布55×30cm（包含盒底、盒身部分） 鋪棉、胚布（包含補強片部分）各55×35cm直徑1.5cm 鈕釦1顆

No.53 貼布縫用原色素布50×35cm（包含A與B布片、釦絆、滾邊部分） 盒蓋表布40×30cm（包含盒底、盒身部分） 鋪棉、胚布（包含補強片部分）各45×25cm 直徑1.3cm 鈕釦1顆

◆作法順序（相同）

盒蓋、盒底、盒身的表布分別進行貼布縫，完成本體表布→盒蓋與盒底疊合鋪棉與胚布，進行壓線→製作釦絆→製作補強片→製作盒蓋→製作盒身→依圖示完成縫製。

完成尺寸　No.52 高8cm 直徑17.5cm
　　　　　No.53 高6cm 直徑13.5cm

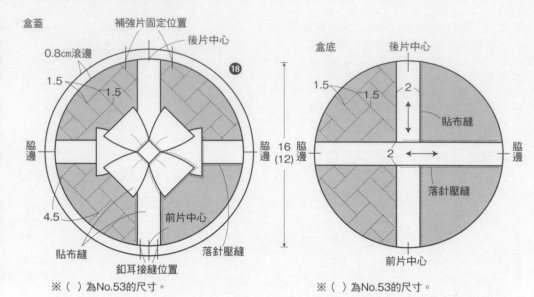

盒蓋
補強片固定位置
後片中心
0.8cm滾邊
1.5
1.5
⑱
脇邊
脇邊
4.5
前片中心
貼布縫
落針壓縫
釦耳接縫位置
※（ ）為No.53的尺寸。

盒底
後片中心
1.5
1.5
2
貼布縫
2
脇邊
落針壓縫
前片中心
16(12)
※（ ）為No.53的尺寸。

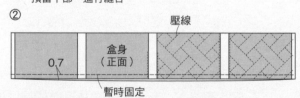

盒身
脇邊
前片中心
落針壓縫
後片中心
A
B
貼布縫　1.5
鈕釦固定位置
1.5　4.5
1.5
8(6)
1　10.55(7.4)　2
脇邊
50.2(37.6)
※（ ）為No.53的尺寸。

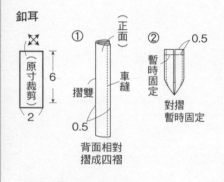

釦耳
① 正面　車縫　摺雙
② 0.5　暫時固定
對摺暫時固定
（原寸裁剪）2　6　0.5
背面相對摺成四褶

補強片作法（相同）

4(3)　4(3)
返口
① 正面　背面　縫合
② 暫時固定 0.5 正面
（2片）
※（ ）為No.53的尺寸。
正面相對疊合2片，預留返口，進行縫合。暫時固定返口。

盒蓋（相同）

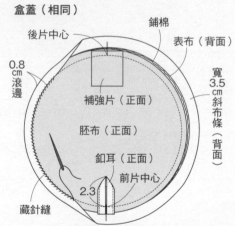

後片中心
鋪棉
表布（背面）
0.8cm滾邊
補強片（正面）
胚布（正面）
寬3.5cm斜布條（背面）
釦耳（正面）
前片中心
藏針縫　2.3
完成壓線的盒蓋，背面疊合補強片與釦耳，進行周圍滾邊。

盒身（相同）

① 鋪棉（沿著縫合針目邊緣修剪）
縫合　胚布（背面）
表布（正面）
背面黏貼鋪棉的表布，正面相對疊合胚布，預留下部，進行縫合。

② 壓線
0.7　盒身（正面）
暫時固定
翻向正面，暫時固定返口，進行壓線。

縫製方法（相同）

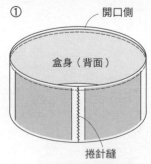

① 開口側
盒身（背面）
捲針縫
盒身兩端正面相對併攏，進行捲針縫（挑縫表布），接縫成圈。

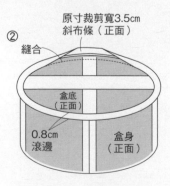

② 原寸裁剪寬3.5cm斜布條（正面）
縫合
盒底（正面）
0.8cm滾邊
盒身（正面）
盒身開口側背面相對疊合盒底，進行縫合。進行縫份滾邊。

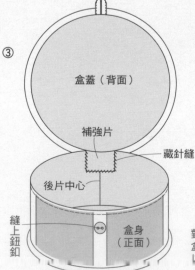

③ 盒蓋（背面）
補強片
藏針縫
後片中心
縫上鈕釦
盒身（正面）
對齊盒蓋與盒身的後片中心，盒蓋縫合固定補強片之後，以藏針縫縫於盒身胚布。

◆材料（1件的用量）
各式貼布縫用布片 A用布25×25cm B用布20×20cm C用布、鋪棉、胚布各35×35cm 滾邊用寬3.5cm 斜布條110cm 25號繡線適量

◆作法順序
A布片進行貼布縫、刺繡→C布片進行貼布縫，縫上B布片，進行刺繡→C布片進行貼布縫，縫上A布片，完成表布→疊合鋪棉與胚布，進行壓線→進行周圍滾邊。

完成尺寸　直徑31.5cm

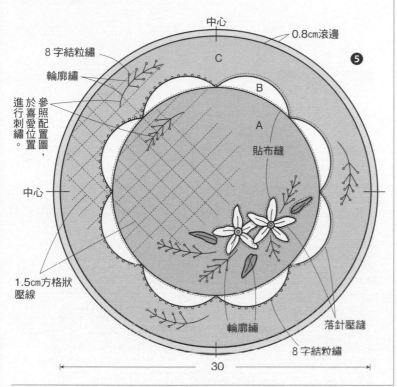

中心
0.8cm滾邊
8字結粒繡
輪廓繡
C
B
A
貼布縫
進行刺繡。
於喜愛位置，
參照配置圖，
中心
1.5cm方格狀壓線
輪廓繡
落針壓縫
8字結粒繡
30

P.104 No.38抱枕原寸紙型
H H'

P.104 No.32迎賓座墊原寸紙型
D

P.104 No.32迎賓座墊原寸紙型
B

G

P.104 No.32迎賓座墊原寸紙型
A A'

P.104 No.38抱枕原寸紙型

摺雙

PATCH WORK 拼布教室

國家圖書館出版品預行編目(CIP)資料

Patchwork拼布教室27：燦夏之美，沁涼舒心的渡假風特集
／ BOUTIQUE-SHA授權；彭小玲, 林麗秀譯.
-- 初版. -- 新北市：雅書堂文化事業有限公司, 2022.08
面；　公分. -- (Patchwork拼布教室；27)
ISBN　978-986-302-637-2(平裝)

1.CST: 拼布藝術　2.CST: 手工藝

426.7　　　　　　　　　　　　　　111010894

授　　　　權／BOUTIQUE-SHA
譯　　　　者／彭小玲・林麗秀
社　　　　長／詹慶和
執 行 編 輯／黃璟安
編　　　　輯／蔡毓玲・劉蕙寧・陳姿伶
封 面 設 計／韓欣恬
美 術 編 輯／陳麗娜・周盈汝
內 頁 編 排／造極彩色印刷
出　版　者／雅書堂文化事業有限公司
發　行　者／雅書堂文化事業有限公司
郵 政 劃 撥 帳 號／18225950
郵 政 劃 撥 戶 名／雅書堂文化事業有限公司
地　　　　址／新北市板橋區板新路206號3樓
電　　　　話／(02)8952-4078
傳　　　　真／(02)8952-4084
網　　　　址／www.elegantbooks.com.tw
電 子 郵 件／elegant.books@msa.hinet.net

原書製作團隊

編 輯 長／関口尚美
編　　輯／神谷夕加里
編 輯 協 力／佐佐木純子・三城洋子・谷育子
攝　　影／腰塚良彦・藤田律子（本誌）・山本和正
設　　計／和田充美（本誌）・小林郁子・多田和子
　　　　　松田祐子・松本真由美・山中みゆき
製　　圖／大島幸・小池洋子・為季法子
繪　　圖／木村倫子・三林よし子
紙 型 描 圖／共同工芸社
製圖・描圖／松尾容巳子

2022年08月初版一刷　定價／420元

總經銷／易可數位行銷股份有限公司
地址／新北市新店區寶橋路235巷6弄3號5樓
電話／（02）8911-0825　傳真／（02）8911-0801